吕维锋手绘设计效果图实践

吕维锋

著

· 上海 ·

图书在版编目（CIP）数据

图道：吕维锋手绘设计效果图实践 / 吕维锋著. --
上海：同济大学出版社，2022.11
ISBN 978-7-5765-0482-8

Ⅰ. ①图… Ⅱ. ①吕… Ⅲ. ①建筑设计 - 绘画技法
Ⅳ. ① TU204.11
中国版本图书馆 CIP 数据核字（2022）第 220823 号

图道：吕维锋手绘设计效果图实践

吕维锋　著

责任编辑　吴世强　李　杰
责任校对　徐春莲
版式设计　吴佳颖
封面设计　房惠平

出版发行　同济大学出版社　www.tongjipress.com.cn
（地址：上海市四平路 1239 号　邮编：200092　电话：021-65985622）
经　　销　全国各地新华书店、建筑书店、网络书店
排　　版　南京月叶图文制作有限公司
印　　刷　上海丽佳制版印刷有限公司
开　　本　787 mm × 1092 mm　1/12
印　　张　11
字　　数　277 000
版　　次　2022 年 11 月 第 1 版
印　　次　2022 年 11 月 第 1 次印刷
书　　号　ISBN 978-7-5765-0482-8
定　　价　158.00 元

内容提要

Abstract

元宇宙浪潮的陡然来袭为我们开辟了一域虚实交融和阴阳相融的多元时空，从手工绘图到电脑制图、从平面表达到立体展现、从三维建模到全息技术、从互联网络到矩阵模型、从虚拟现实到增强现实，技术的升级迭代和产品的推陈出新在突破人们感知局限的同时，不断将人类社会引领到全新的高点。但是九霄云外的千秋韶华，既不会遁逃，也不曾泯灭，在无数波排山倒海的历史浪潮中，岁月沉淀出的一定是越发流光溢彩的金沙。

本书主题为建筑师手绘设计效果图，汇录了作者于 20 世纪 80 年代末至 90 年代中绘制的 116 幅独具技术感和艺术性的画作。作者在不同类型的纸张上分别运用平行和成角透视原理，采用水粉、水彩、钢笔和马克笔四种绘画工具对应的不同绘画技法绘制效果图，这些效果图体现了在未使用电脑制图的时代设计成果的表达特征，刻录着人工制图时期创意效果的视觉意境，展演着空间构图的多样，记载着建筑行业的发展，呼应着时空的斗转星移，助推着未来的百舸争流。

这本具有工具多样性、绘法独特性、产业驱动力、工程颜值度和流年历史感的手绘设计效果图集，为从普通百姓到专业人士的不同受众开启一扇闪回传统设计工艺和审视时代工匠精神的视窗，能够为包括设计创意者、美术爱好者、工程建设者、艺术品鉴者和历史研究者等在内的读者了解设计效果图的发展历史、回眸工程行业的实战历程、关注快速表现的绘制技法和练习徒手表达的绘画技能提供参考和帮助。

作 者 简 介

About the Author

吕维锋　建筑师、规划师
上海宜吾规划建筑设计事务所创始人
上海维仁工程项目管理有限公司创始人
英国皇家特许注册建造师（MCIOB）
黑龙江大学等高校兼职教授和硕士生导师
联合国世界旅游组织黑龙江省全域旅游发展和冰雪旅游产业规划专家
山西省海内外高层次人才评审专家

履历

同济大学建筑学学士和硕士，英国曼彻斯特大学工程项目管理硕士。曾任职于同济大学建筑设计研究院（集团）有限公司、英中商贸技术咨询公司（Chinese Marketing & Communications，CMC）、上海阳光新景集团、新希望集团房地产事业部和众安集团有限公司，从事城市规划、建筑设计、房地产开发和集团管理工作，历任总工程师、副总裁、常务副总裁和首席执行官（Chief Executive Officer，CEO）等职位。

专业

在设计领域从事战略策划、城市规划、建筑设计、景观设计、室内设计和平面设计，完成设计类项目千余项；在管理领域服务于地产投资、项目管理、工程顾问和企业管控，完成管理类工程百余项。拥有外观设计专利 6 项，知网检索论文 14 篇，为政府、企业、高校和境内外机构举办专题讲座数百场。2014 年起举办“筑道——吕维锋建筑艺术设计展”全国巡回展，2016 年起举办“乡道——哈尔滨历史建筑钢笔速写展”，2017 年起举办“吕维锋建筑艺术 3D 建筑纸模展”。目前正在以战略性的视角、国际化的理念、技术性的专长和品牌化的思维在设计与管理双领域促进产、学、研综合发展。

著作

（1）《筑道：吕维锋论文集》，上海科学技术出版社，2013 年 7 月。
（2）《绘道：吕维锋手绘施工图集》，同济大学出版社，2015 年 3 月。
（3）《规道：吕维锋规划设计探索与实践》，同济大学出版社，2017 年 10 月。
（4）《速写清迈》，同济大学出版社，2018 年 12 月。
（5）《速写中俄》，黑龙江人民出版社，2020 年 7 月。
（6）《我是建筑师：吕维锋建筑艺术纸模集》，上海科学技术出版社，2020 年 7 月。
（7）《评道：吕维锋评论集》，同济大学出版社，2022 年 10 月。

获奖

（1）江西省婺源县第二中学逸夫楼建筑设计荣获教育部邵逸夫捐赠项目二等奖（1995 年，中国）。
（2）2017 年首届泰国清迈兰纳文化艺术节最杰出贡献奖（2017 年，泰国）。
（3）2017 年中国建筑手绘作品大赛三等奖（2017 年，中国）。
（4）首届全国乐龄游戏创意设计大赛入围奖（2017 年，中国）。
（5）《速写中俄》获得中宣部地方优秀对外宣传品三等奖（2020 年，中国）。
（6）《天街夜色》荣获国家开放大学华侨学院主办的“‘侨’见幸福美好生活”摄影大赛三等奖（2021 年，中国）。

自 序

Foreword

5G 乃至 6G 时代已经吹响了无线高速传播的号角，视频传送从来没有像今天这般快捷，成为“分分钟可以搞定”的小事一桩。在较高的芯片速率和强大的算力支撑下，计算机呈现的设计效果缤纷多彩、栩栩如生，设计效果表达方式已经由传统的“画说图道”转换为生动的“声说影道”，业主们聚精会神于三维制作的美轮美奂和场景画质的活灵活现，以至于到了“非大片不效果”的境地。

元宇宙更是为我们开辟了一个虚实交融的展示天堂，委托方甚至都可以成为设计效果展示中的人物要素，切身体验未来的营造内涵，穿越空间，感受意境，成为设计一员。规划师已然成为“人间仙境的塑造者”，建筑师俨然成为“真实场景的搬运工”，携科技之魅，展设计之志，驾数据之云，图天地之道，将城市规划智慧、建筑艺术修养和设计塑型功力融入其中。设计效果呈现的崭新时代已经到来，气势恢宏，波澜壮阔。

如果离开了电脑，我们今天的很多事情都难以进行，但我们必须铭记人类社会也只是刚刚走出没有电脑的时代。

我们正昂首阔步地进入全新的元宇宙时空，在周遭环境的云合雾集和风激电飞下，激荡着光阴的洪流，势不可挡地砥砺前行，把过往挤压得无影无踪甚至瓦解得烟消云散。但是无论时代网页怎样刷新，科学技术怎样更迭，蓦然回首，我们仍能寻绎到铭刻于科技进步年轮上的那股原始驱动力，正是它在承载着历史基因的同时孕育新的思想。

令人感慨万分的是九霄云外的韶华，从来不会遁逃，更不曾泯灭，在无数波排山倒海的历史浪潮中，浪淘尽的总是越发流光溢彩的金沙。它们记载着没有电脑时代中设计成果的表现特征，刻录着人工制图光阴中创意效果的视觉意境，展演着空间构图的韶光，绵亘着建筑产业的成就，呼应着过去的斗转星移，助推着未来的百舸争流。

历史的脚步永远在催促着科技的繁荣和进步，突破着过往的思想桎梏，改变着人们的生活状态。从唱片灌录和胶片冲印到数码录音和 3D 打印，百余年的人间沧桑弹指一挥间；从显像管电视和卡带录音机到高清智慧屏和手机“总集成”，半世纪的人居浸染挥手一刹那；无人驾驶、人工智能和数字货币等崭新概念层出不穷，建筑师传统的设计方法被人机交互的神经智能设计系统所颠覆似乎曙光乍现。我们正在和将要不断走过一段又一段探索的旅途征程，迈向一程又一程追逐的春和景明，行远必自迩，力学更笃行。

充满激情的 Z 世代一定十分好奇，无电脑时代建筑师如何做设计？如何将建筑设计的造型形象地表达出来？如何将室内设计的效果生动地展现出来？如何让业主看到三维立体的成果而情不自禁地“一见钟情”并立刻委托设计？答案就在这，即本书所要表达的主题——手绘设计效果图。在计算机内存倍数级提升和绘图软件迭代更新的当下，效果图的绘制已经成为计算机的基本“武艺”。回望没有电脑时代的设计之本，追溯脑手笔尺设计的创造之道，手绘设计效果图才是建筑师“风流倜傥”的看家本领，更是规划师“玉树临风”的独门绝技，凝聚在这薄薄和轻轻一纸之上的功力，可谓纯然的“十年磨一剑”。

效果图也称表现图，或者透视图，或者三维立体图，如果按照今天的说法，还可以称作 3D 效果图。效果图的目的是将各类设计成果以尽可能逼真的效果呈现出来，让甲方看了“爱没商量”，让业主看了“爱不释手”，也让设计者通过直观的设计效果进行自我审视和调整修改，并在后续设计阶段再接再厉地完善设计。依据表现内容，效果图可以分为规划设计效果图、建筑设计效果图、景观设计效果图、商业外立面设计效果图、室内设计效果图、平面设计效果图、舞美设计效果图和工业产品设计效果图，当然更广泛的效果图还包括时装设计效果图和包装设计效果图等，林林总总，丰富多彩。

在各类设计的不同阶段，效果图的绘制可以花费不同长短的时间和采用不同深度的表达方式。各类设计不同阶段的效果图的绘制时间和表达深度不同。方案阶段的效果图主要起到构想比较和创意修正的作用，这个阶段的效果图可以快速表达；深化设计阶段的效果图能够展现更多细节，绘制用时和细节深度以所想展示的内容为基准；最终的效果图则是交付业主的设计成果的组成部分，必须做到精准和完美。

对于建筑师来讲，在没有电脑的时代完成手绘设计效果图通常需要如下步骤：第一，完成基本的平面图、立面图和剖面图设计，处理好功能布局、空间关系和体量造型，规划设计则需要完成总平面图和形体空间关系；第二，要根据设计意向选择所要呈现的透视角度，这就需要通过若干不同角度的透视草图比选来最终选定独具表现力的效果图视点；第三，要深化这个视点的细节设计，同步调整设计的平面图、立面图和剖面图，并最终确定效果图草稿小样；第四，选择所采用的画种和纸张的尺幅，并视画种决定是否需要裱纸，通常水彩和水粉类“湿作业”需要裱纸，否则因为纸张吸水而产生的伸缩变化会破坏效果图纸面的平整性；第五，建筑师凭借绘画技法和透视表现的基本功，用 2B 铅笔将草稿小样勾画放大到所选择的纸张上，要求做到比例适中和透视准确；第六，采用水彩渲染、水粉画、马克笔快速表达或钢笔淡彩等表现方法绘制，这样设计效果图的一切都尽在建筑师的手绘掌控之中了。

采用何种画笔和何种画纸绘制设计效果图，完全取决于空间表达的需求、建筑师的驾驭能力和提交时间要求。如果等着第二天去汇报或投标，那么就需要快速表达的效果图，连夜用马克笔绘制就是最佳方案；如果时间宽裕、没有催图，那么就可以采用水彩渲染或水粉画的方式，先在图板上裱纸，等纸干燥后按照流程一步一步慢慢画，直到满意再将效果图从裱纸板上裁切下来送给委托方。

因为是纯手绘，设计效果图自然带有强烈的设计师个人风格和技法印记。由于每个建筑师的表现技法不同、透视技法不同、设计感觉不同、使用工具不同、所需时间不同、绘画功底不同、对艺术的理解不同，效果图所表达出来的效果当然也是百卉千葩，可谓一笔一“风情”，一画一“万种”，一色一“千娇”，一纸一“百媚”，一案一“匠心”，一人一“独具”。

在电脑时代，通过计算机建模生成的效果图透视一定精准无比且无懈可击。而在无电脑时代，建筑师凭功法画出的三维透视的准确度是设计效果图的核心要素，如果透视不准，不管绘制的水平多高，也都是徒劳。建筑师培养过程中的两门课程在徒手绘制效果图上起到了至关重要的作用，一门课程是画法几何，另一门课程是阴影透视。这两门课程由浅入深的作业练习培养了建筑师对三维造型的思维想象力、技术表现力和空间塑造力，这样的训练是徒手表现的根基，只要胸有透视，必将成竹在手。

本书中设计效果图绘制的时间为 20 世纪 80 年代末至 90 年代中，在这段时间里我完成了硕士研究生学业，毕业留校工作并正式开启了职业建筑师生涯，直到切换至人生的下一个频道，辞别心爱的岗位前往英国留学。回顾中国设计行业的发展历史，这段时间恰逢设计技术承前启后和电脑运用从无到有，运用电脑软件进行建筑设计的做法在 1994 年前后“小荷才露尖尖角”。那时计算机三维建模软件应用处于起步阶段，计算机内存较小，但是颠覆传统设计的技术和方法彼时已经“春光乍现”，距离进入电脑绘制时代也仅一步之遥。

这本以手绘设计效果图为主题内容的图集，汇录了笔者在电脑制图技术即将来袭的时代绘制的 116 幅作品，全部效果图按照绘制的时间从远到近排序，有些没有标注时间的画幅因为难以确定具体的绘画时间，只好排在最后。这些收集整理的设计效果图按照内容类别分为建筑设计效果图、商业外立面设计效果图和室内设计效果图三类；按照画种分为水粉画、水彩画、马克笔画和钢笔（含针管笔）画（目录与正文用不同色块区分画种，依次对应为淡绿色、淡黄色、淡蓝色、淡红色）；按照绘画用纸分为黑卡纸、白卡纸、水粉纸、水彩纸、复印纸和硫酸纸。因为原作都在绘制完成后交给了委托方，书中效果图由保存的照片、幻灯片和胶片底片翻制而成，图面的清晰度和色彩的饱和度难免会有不尽如人意之处，毕竟这些原版资料都是约 30 年前的“老古董”了。

本书汇集的效果图仅是我人生那个阶段手绘设计效果图的一部分，还有一些由于各种各样的原因，在绘制后直接交给了委托人或关联方而没能拍照留存，希望这些手稿未被遗失，更希望它们能够被有心人妥善地呵护。如果在您的帮助下，我有缘再次偶遇青春年少的自己，那将是何等的激动人心。那时我常带着绘制工具和纸张到委托方或项目现场办公室连夜赶图，画好直接交给业主，但有时会没时间拍照、没带照相机或没舍得拍照，毕竟当年一卷彩色胶卷价格不菲，加上底片冲洗和相纸打印的费用，还真不是普通人所能承受的，拍上两卷恐怕就是很多人一个月的生活费了。现在我只能隔空问候这些效果图们一句：“当年真抱歉！现在都好吗？”

在此，我想诚挚地表示感谢！感谢那些发现流散在社会上的我早年手绘的效果图并通知我的读者朋友们。通常情况下，我会在画作的右下角留有含有吕姓的俄文和中文双语组合签名，即使有些效果图由于某种原因没有签名，但从技法和用笔风格上还是能够分辨出其为我的个性化画作。

我期冀通过此书同设计师们交流知识，共同探索设计效果的表达过程；和艺术家们分享体会，共同研讨绘画艺术的表现技法；同 Z 世代人们沟通思想，共同挖掘未来世界的文化元素；与所有喜欢我作品的朋友们互诉衷肠，共同举杯邀明月和分享好时光。

回眸光阴流转，我们曾经激情满怀！望眼沧海星空，我们依然豪情万丈！

吕维锋

2022 年 2 月 18 日（壬寅年正月十八）

宜吾公司创立纪念日于上海市同济联合广场

目　录
Contents

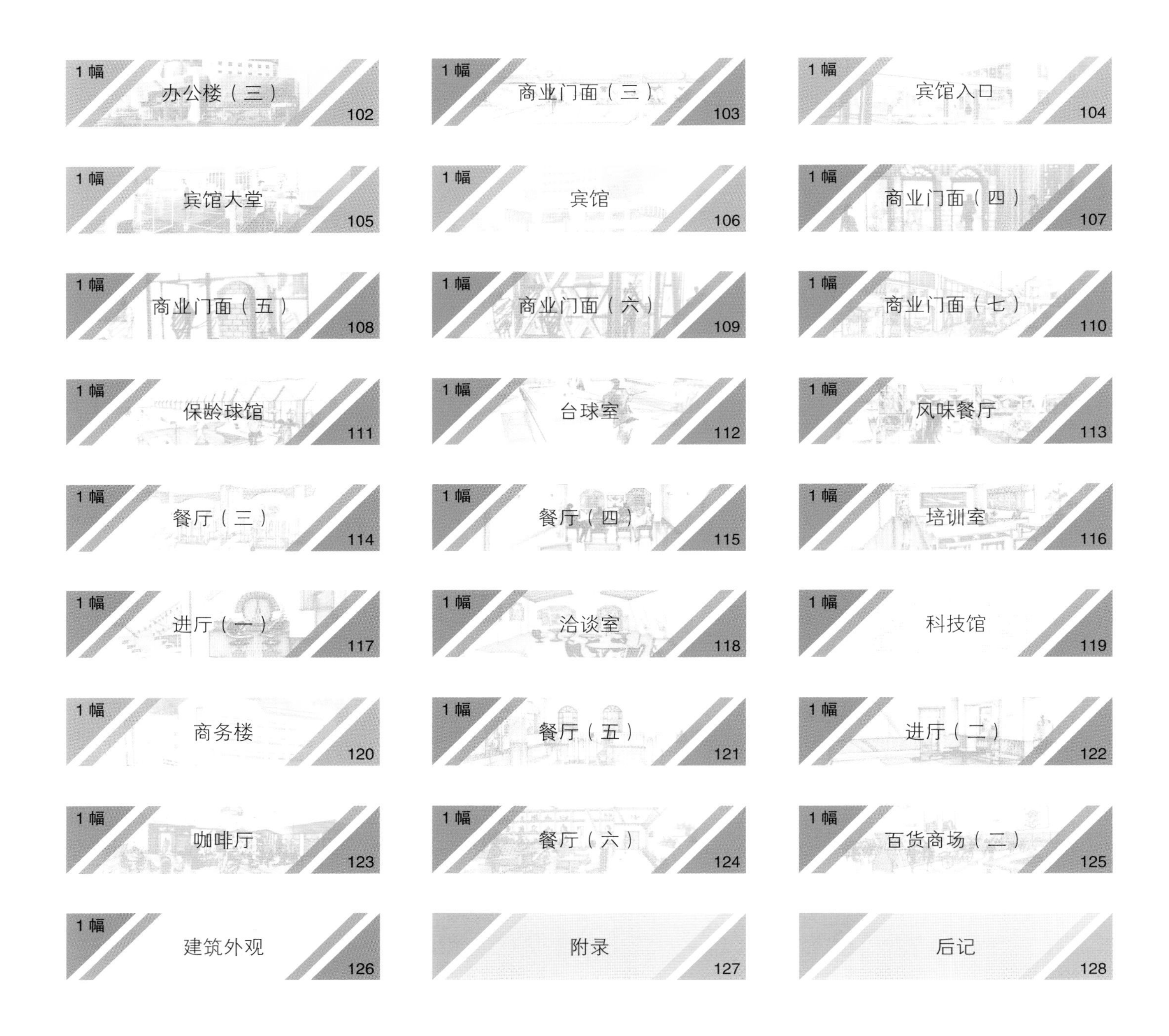

轴测图

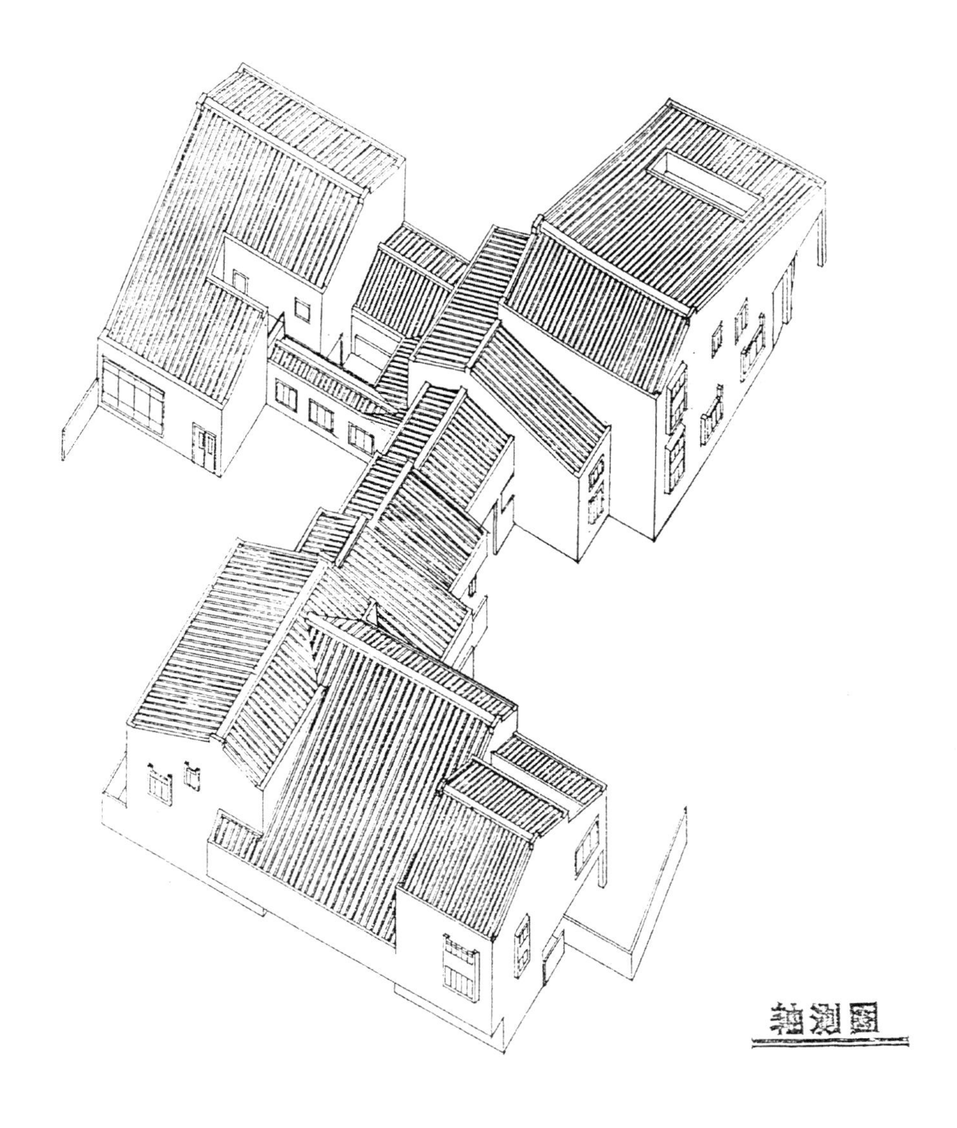

时间：1986 年 7 月　　画幅：297mm × 420mm　　工具：铅笔、针管笔、三角尺　　纸张：复印纸

交通组织与结构分析图

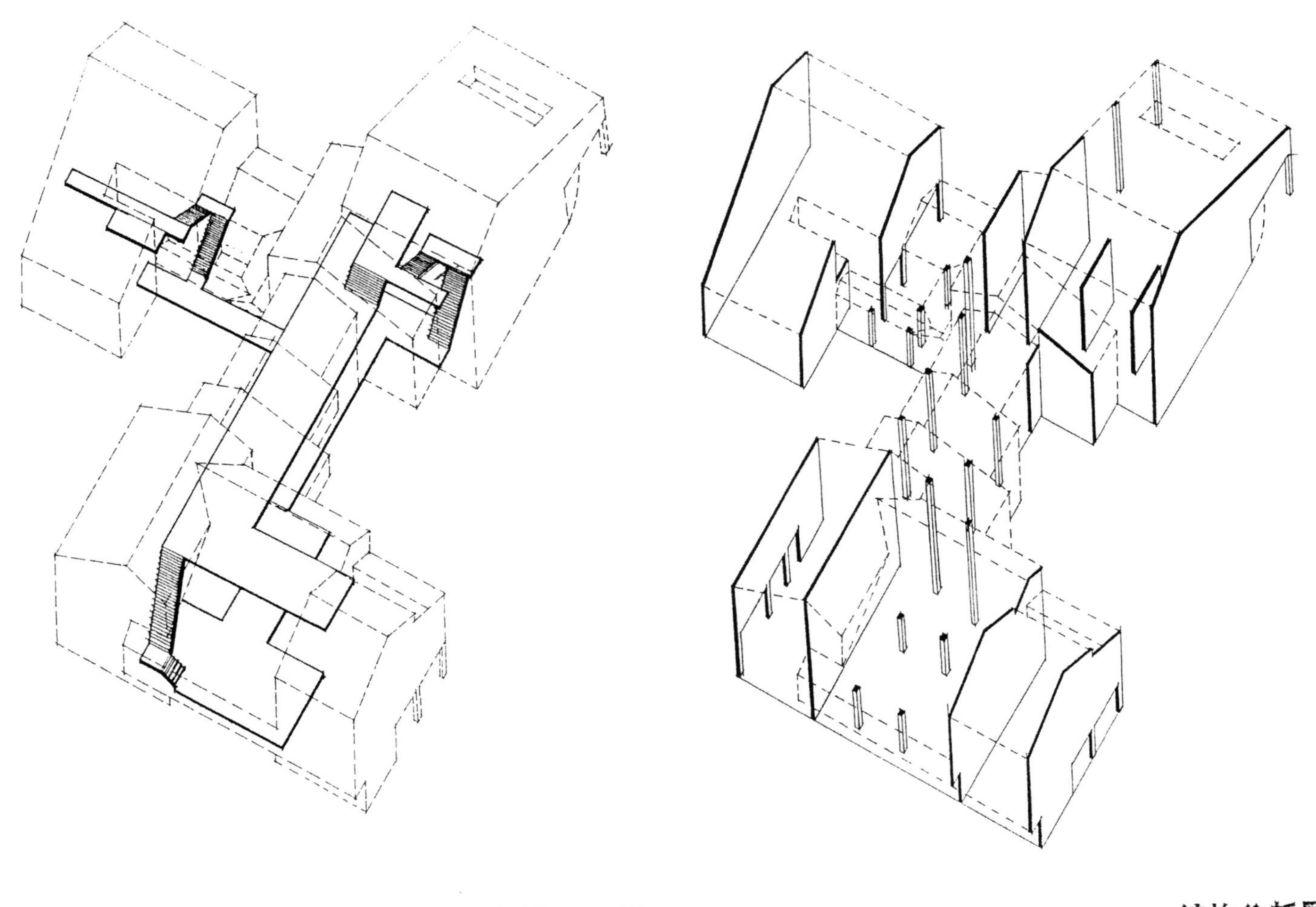

时间：1986 年 7 月　　画幅：594mm × 420mm　　工具：铅笔、针管笔、三角尺　　纸张：复印纸

上海地铁 1 号线人民广场站

时间：1988 年 3 月 26 日　　画幅：680mm × 455mm　　工具：铅笔、鸭嘴笔、水粉笔、三角尺、牙刷、水粉　　纸张：水粉纸

时间：1988 年　　画幅：540mm × 390mm　　工具：铅笔、鸭嘴笔、马克笔、三角尺、牙刷、水粉　　纸张：白卡纸

舞厅（一）

时间：1988 年 8 月　　画幅：540mm × 390mm　　工具：铅笔、鸭嘴笔、马克笔、三角尺、牙刷、水粉　　纸张：白卡纸

门厅

时间：1989 年 2 月　　画幅：540mm × 390mm　　工具：铅笔、鸭嘴笔、马克笔、三角尺、牙刷、水粉　　纸张：白卡纸

咖啡厅

时间：1989 年 2 月　　画幅：540mm × 390mm　　工具：铅笔、鸭嘴笔、马克笔、三角尺、牙刷、水粉　　纸张：白卡纸

休息厅

时间：1989 年 2 月　　画幅：540mm × 390mm　　工具：铅笔、鸭嘴笔、马克笔、三角尺、牙刷、水粉　　纸张：白卡纸

中餐厅

时间：1989 年 2 月　　画幅：540mm × 390mm　　工具：铅笔、鸭嘴笔、马克笔、三角尺、牙刷、水粉　　纸张：白卡纸

大庆服装城

女装区

时间：1989 年 3 月　　画幅：540mm × 390mm　　工具：铅笔、鸭嘴笔、马克笔、三角尺、牙刷、水粉　　纸张：白卡纸

会客室

时间：1989 年 3 月　　画幅：540mm × 390mm　　工具：铅笔、鸭嘴笔、马克笔、三角尺、牙刷、水粉　　纸张：白卡纸

品牌区

时间：1989 年 3 月　　画幅：540mm × 390mm　　工具：铅笔、鸭嘴笔、马克笔、三角尺、牙刷、水粉　　纸张：白卡纸

童装区

时间：1989 年 3 月　　画幅：540mm × 390mm　　工具：铅笔、鸭嘴笔、马克笔、三角尺、牙刷、水粉　　纸张：白卡纸

休闲区

时间：1989 年 3 月　画幅：540mm × 390mm　工具：铅笔、鸭嘴笔、马克笔、三角尺、牙刷、水粉　纸张：白卡纸

餐饮区

时间：1989 年 3 月　　画幅：540mm × 390mm　　工具：铅笔、鸭嘴笔、马克笔、三角尺、牙刷、水粉　　纸张：白卡纸

时间：1989 年 4 月　　画幅：540mm × 390mm　　工具：铅笔、鸭嘴笔、马克笔、三角尺、牙刷、水粉　　纸张：白卡纸

河海大学图书馆

时间：1989 年 6 月　画幅：540mm × 390mm　工具：铅笔、鸭嘴笔、水粉笔、三角尺、牙刷、水粉　纸张：水粉纸

餐厅（一）

时间：1989 年 8 月　　画幅：540mm × 390mm　　工具：铅笔、鸭嘴笔、马克笔、三角尺、牙刷、水粉　　纸张：白卡纸

商场门面（一）

时间：1990 年 5 月　　画幅：540mm × 390mm　　工具：铅笔、鸭嘴笔、马克笔、三角尺、牙刷、水粉　　纸张：白卡纸

商场（一）

时间：1990 年 5 月　　画幅：540mm × 390mm　　工具：铅笔、鸭嘴笔、马克笔、三角尺、牙刷、水粉　　纸张：白卡纸

上海电力电缆输配电公司大门

时间：1990 年 8 月　　画幅：540mm × 390mm　　工具：铅笔、鸭嘴笔、马克笔、三角尺、牙刷、水粉　　纸张：白卡纸

时间：1990 年 8 月　　画幅：540mm × 390mm　　工具：铅笔、鸭嘴笔、马克笔、三角尺、牙刷、水粉　　纸张：白卡纸

舞厅（三）

时间：1990 年 8 月　　画幅：540mm × 390mm　　工具：铅笔、鸭嘴笔、马克笔、三角尺、牙刷、水粉　　纸张：白卡纸

商场（二）

时间：1990 年 8 月　　画幅：540mm × 390mm　　工具：铅笔、鸭嘴笔、马克笔、三角尺、牙刷、水粉　　纸张：白卡纸

时间：1990 年 8 月　　画幅：540mm × 390mm　　工具：铅笔、鸭嘴笔、马克笔、三角尺、牙刷、水粉　　纸张：白卡纸

淮安市财政局教学培训楼中厅

时间：1990 年 9 月　　画幅：315mm × 430mm　　工具：铅笔、鸭嘴笔、水粉笔、三角尺、水粉　　纸张：黑卡纸

舞厅（四）

时间：1990 年 9 月　　画幅：540mm × 390mm　　工具：铅笔、鸭嘴笔、水彩笔、三角尺、水彩　　纸张：水彩纸（裱纸）

时间：1990 年 9 月　画幅：540mm × 390mm　工具：铅笔、鸭嘴笔、水彩笔、三角尺、水彩　纸张：水彩纸（裱纸）

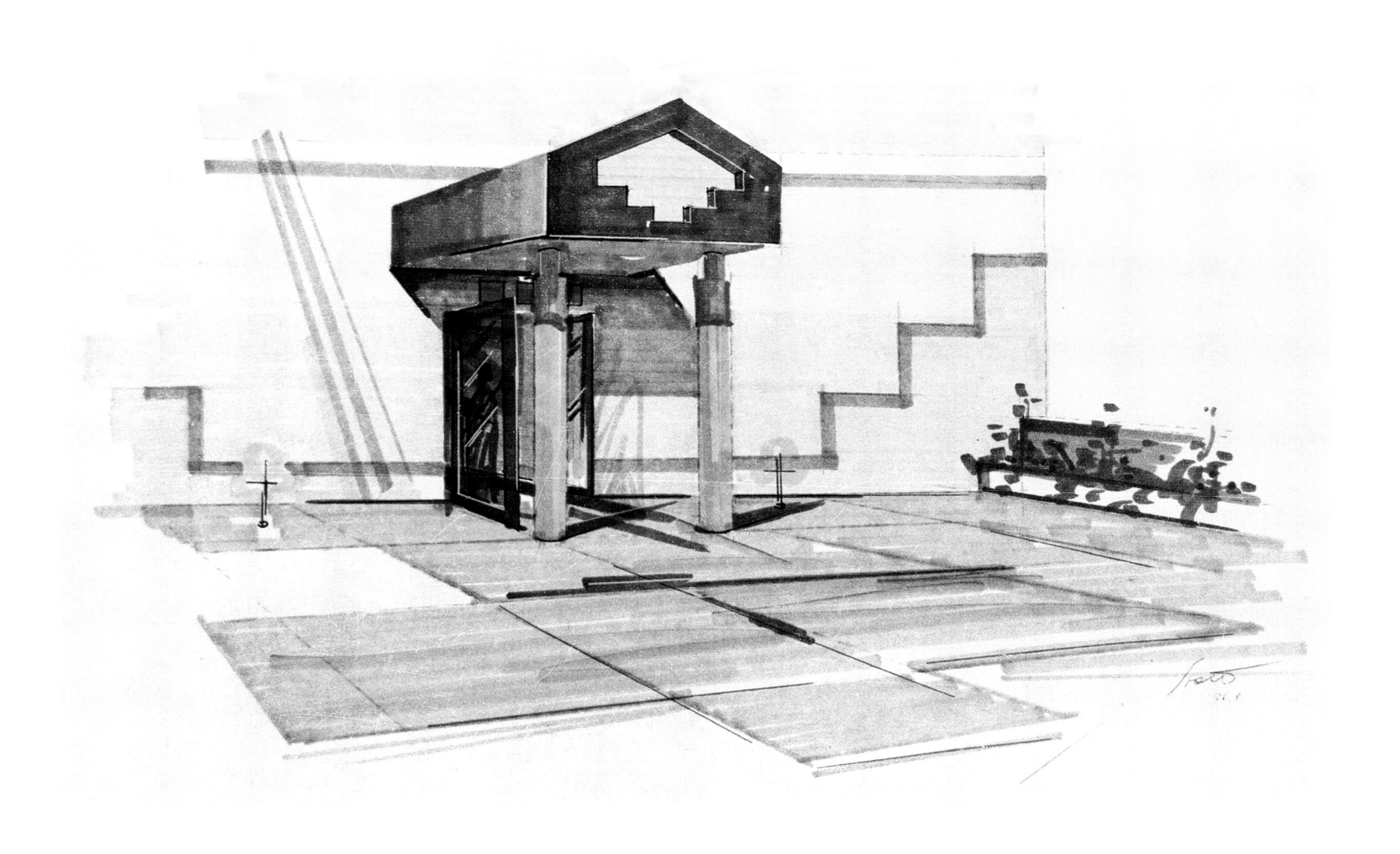

时间：1991 年 1 月　　画幅：540mm × 390mm　　工具：铅笔、鸭嘴笔、马克笔、三角尺、牙刷、水粉　　纸张：白卡纸

舞厅（五）

时间：1991 年 2 月　　画幅：540mm × 390mm　　工具：铅笔、鸭嘴笔、马克笔、三角尺、牙刷、水粉　　纸张：白卡纸

餐厅门面

时间：1991 年 3 月　　画幅：540mm × 390mm　　工具：铅笔、鸭嘴笔、马克笔、三角尺、牙刷、水粉　　纸张：白卡纸

餐厅（二）

时间：1991 年 3 月　　画幅：540mm × 390mm　　工具：铅笔、鸭嘴笔、马克笔、三角尺、牙刷、水粉　　纸张：白卡纸

时间：1991 年 7 月　　画幅：540mm × 390mm　　工具：铅笔、鸭嘴笔、水彩笔、三角尺、水彩　　纸张：水彩纸（裱纸）

神州精品商行

门面

时间：1991 年 11 月　　画幅：540mm × 390mm　　工具：铅笔、鸭嘴笔、马克笔、三角尺、牙刷、水粉　　纸张：白卡纸

服装区

时间：1991 年 11 月　　画幅：540mm × 390mm　　工具：铅笔、鸭嘴笔、马克笔、三角尺、牙刷、水粉　　纸张：白卡纸

门面

时间：1992 年　画幅：355mm × 500mm　工具：铅笔、鸭嘴笔、马克笔、三角尺、牙刷、水粉　纸张：白卡纸

楼梯厅（一）

时间：1992 年　　画幅：345mm × 460mm　　工具：铅笔、鸭嘴笔、马克笔、三角尺、牙刷、水粉　　纸张：白卡纸

楼梯厅（二）

时间：1992 年　　画幅：345mm × 460mm　　工具：铅笔、鸭嘴笔、马克笔、三角尺、牙刷、水粉　　纸张：白卡纸

酒吧门面

时间：1992 年　　画幅：390mm × 540mm　　工具：铅笔、鸭嘴笔、马克笔、三角尺、牙刷、水粉　　纸张：白卡纸

上海日用化学工业开发有限公司供销部美加净中心

时间：1992 年 3 月　画幅：540mm × 390mm　工具：铅笔、鸭嘴笔、水粉笔、水彩笔、三角尺、水粉、水彩　纸张：水粉纸（裱纸）

上海市卧室用品商行

时间：1992 年 3 月　　画幅：540mm × 390mm　　工具：铅笔、鸭嘴笔、水粉笔、水彩笔、三角尺、牙刷、水粉、水彩　　纸张：水粉纸（裱纸）

演艺厅

时间：1992 年 3 月　　画幅：540mm × 390mm　　工具：铅笔、鸭嘴笔、马克笔、三角尺、牙刷、水粉　　纸张：白卡纸

多功能厅

时间：1992 年 3 月　　画幅：436mm × 302mm　　工具：铅笔、钢笔、马克笔　　纸张：硫酸纸

沙龙

时间：1992 年 3 月　　画幅：436mm × 302mm　　工具：铅笔、钢笔、马克笔　　纸张：硫酸纸

时间：1992 年 4 月　　画幅：540mm × 390mm　　工具：铅笔、鸭嘴笔、水彩笔、三角尺、水彩　　纸张：水彩纸（裱纸）

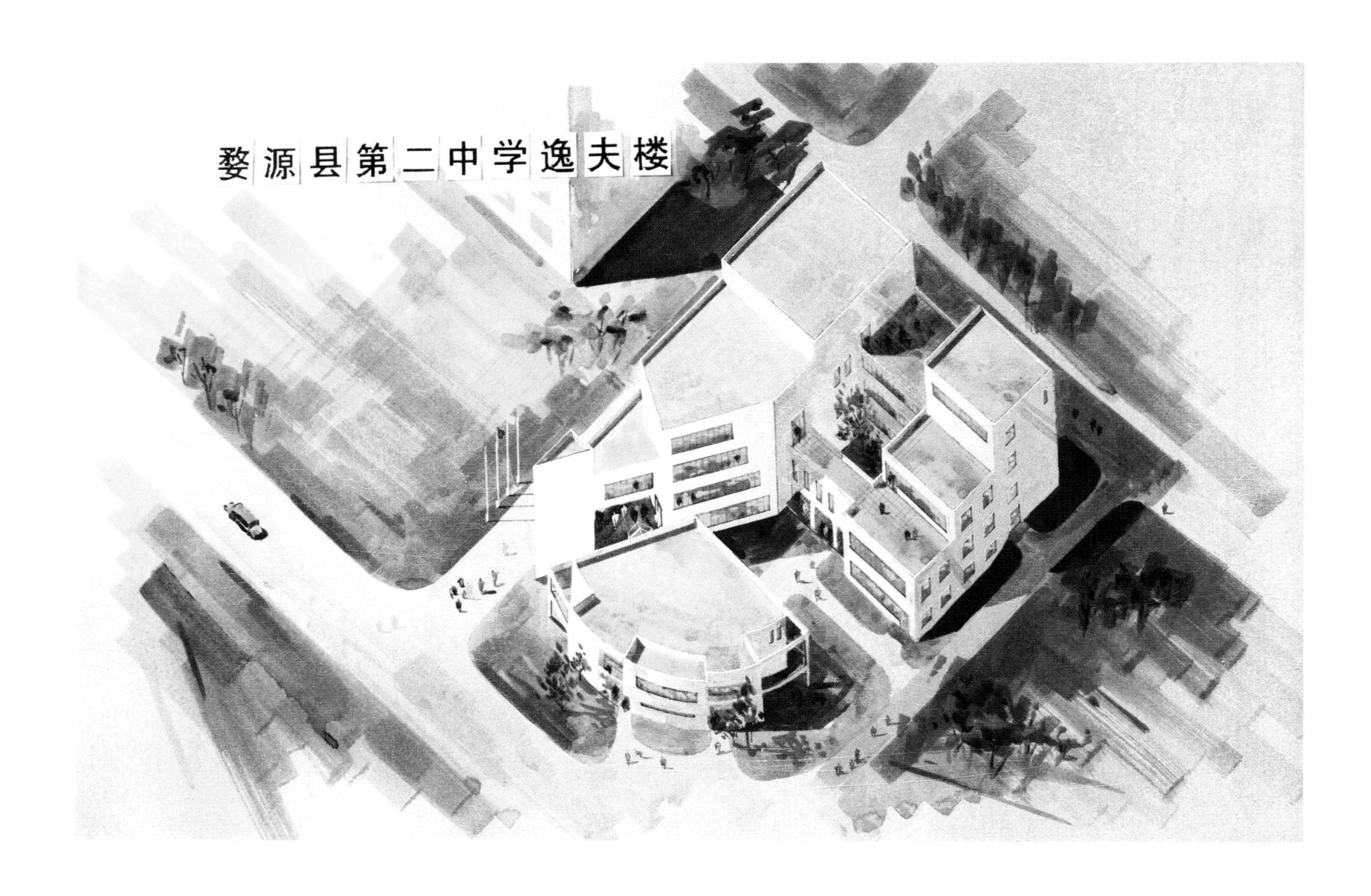

时间：1992 年 5 月　画幅：540mm × 390mm　工具：铅笔、鸭嘴笔、水粉笔、三角尺、水粉　纸张：水粉纸（裱纸）

① 现为江西省婺源县天佑中学。

淄博市临淄区政府招待所

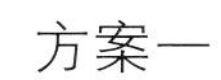

方案一

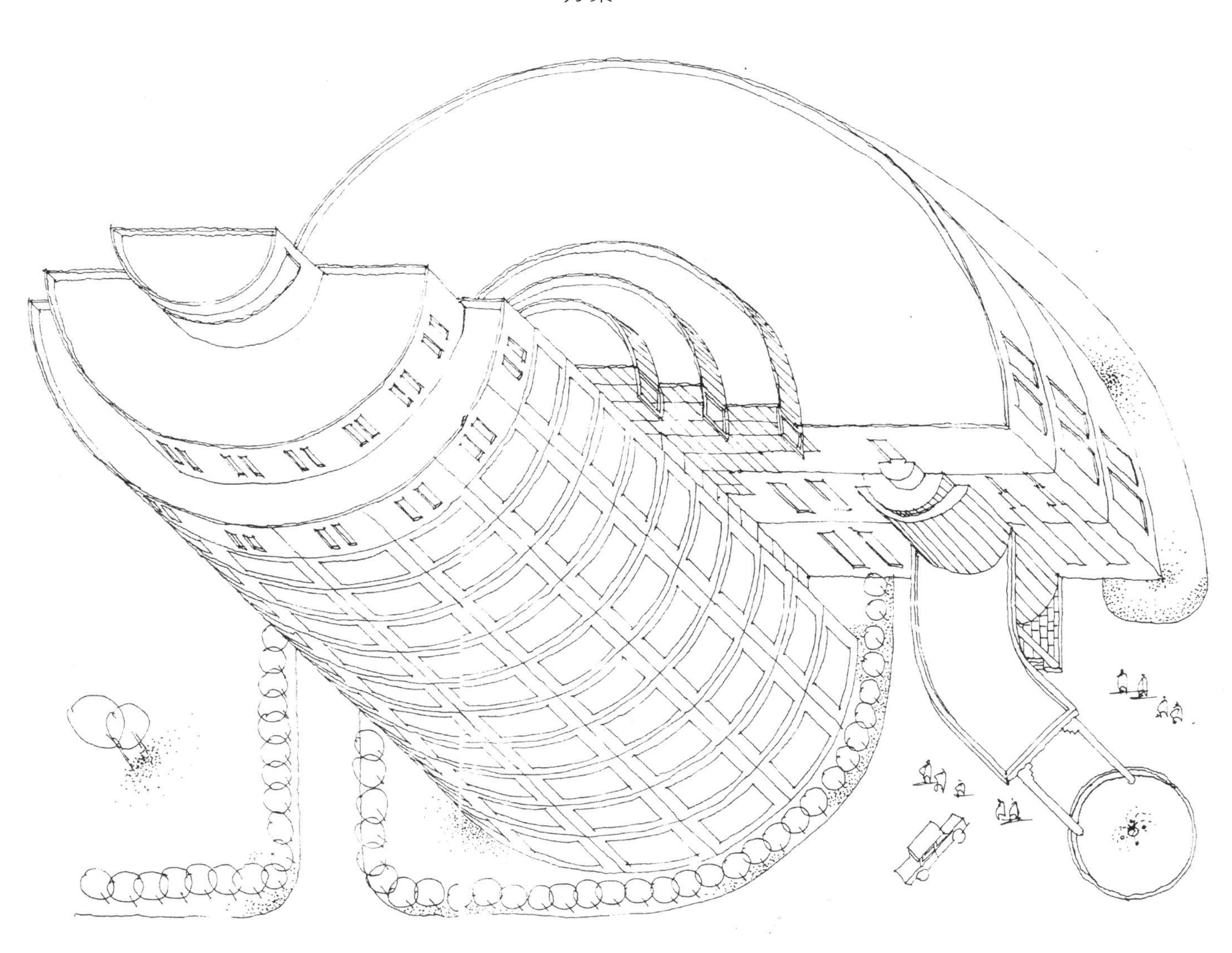

时间：1992 年 5 月　　画幅：420mm × 297mm　　工具：钢笔　　纸张：复印纸

方案二（一）

时间：1992 年 5 月　　画幅：284mm × 184mm　　工具：钢笔　　纸张：硫酸纸

方案二（二）

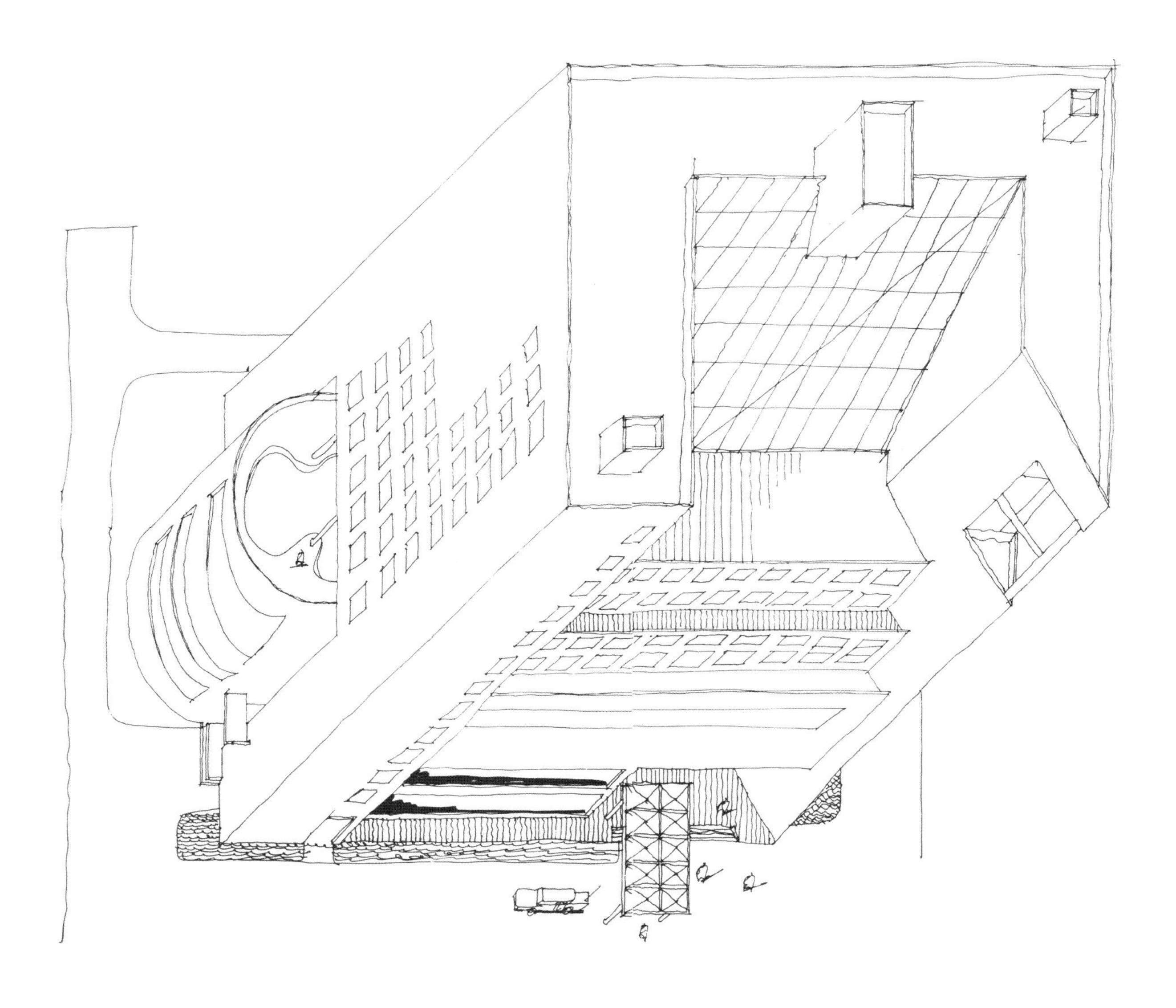

时间：1992 年 5 月　　画幅：420mm × 297mm　　工具：钢笔　　纸张：复印纸

方案二（三）

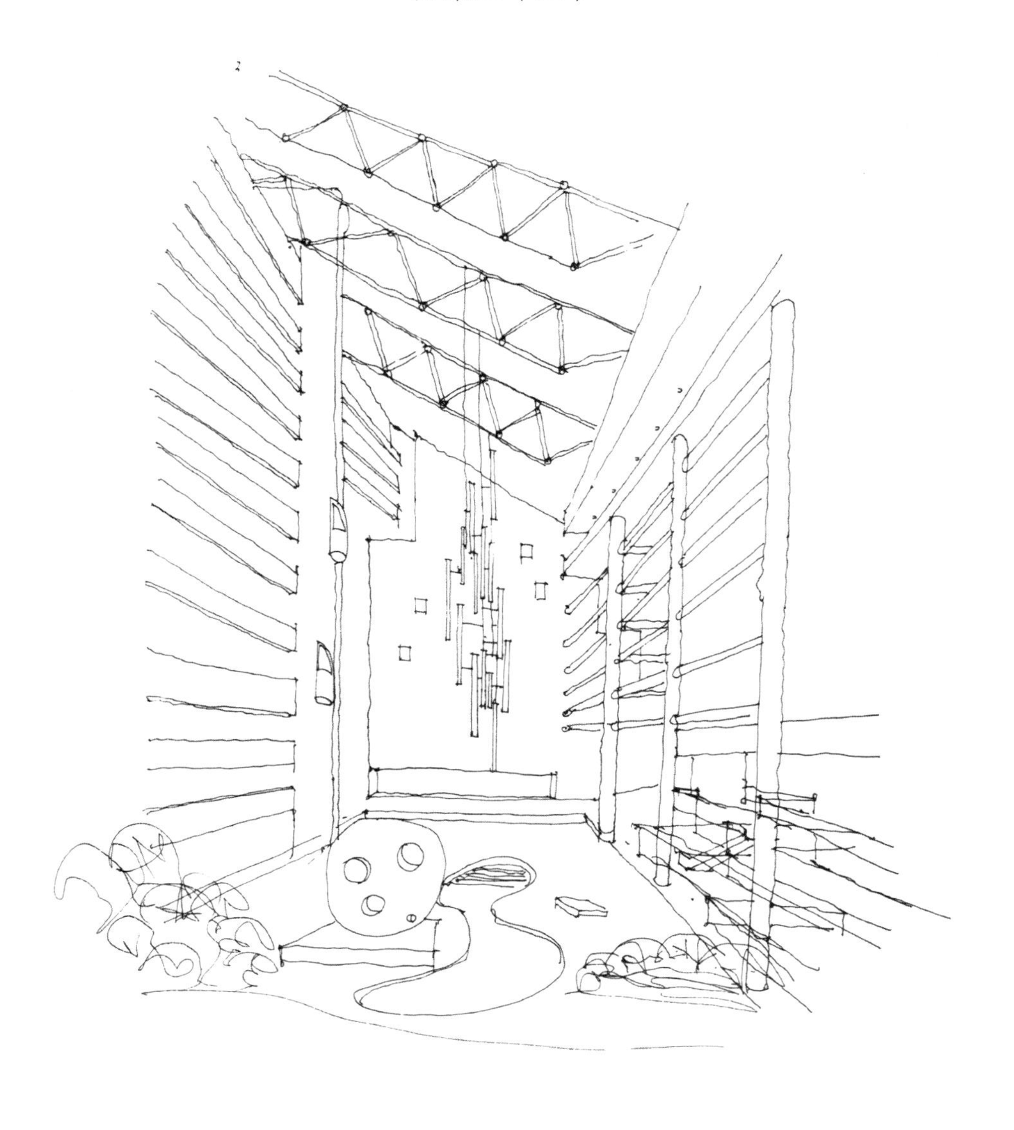

时间：1992 年 5 月　　画幅：284mm × 184mm　　工具：钢笔　　纸张：硫酸纸

舞厅（六）

时间：1992 年 5 月　　画幅：540mm × 390mm　　工具：铅笔、鸭嘴笔、马克笔、三角尺、牙刷、水粉　　纸张：白卡纸

时间：1992 年 9 月　　画幅：465mm × 330mm　　工具：铅笔、鸭嘴笔、马克笔、三角尺、牙刷、水粉　　纸张：白卡纸

方案一

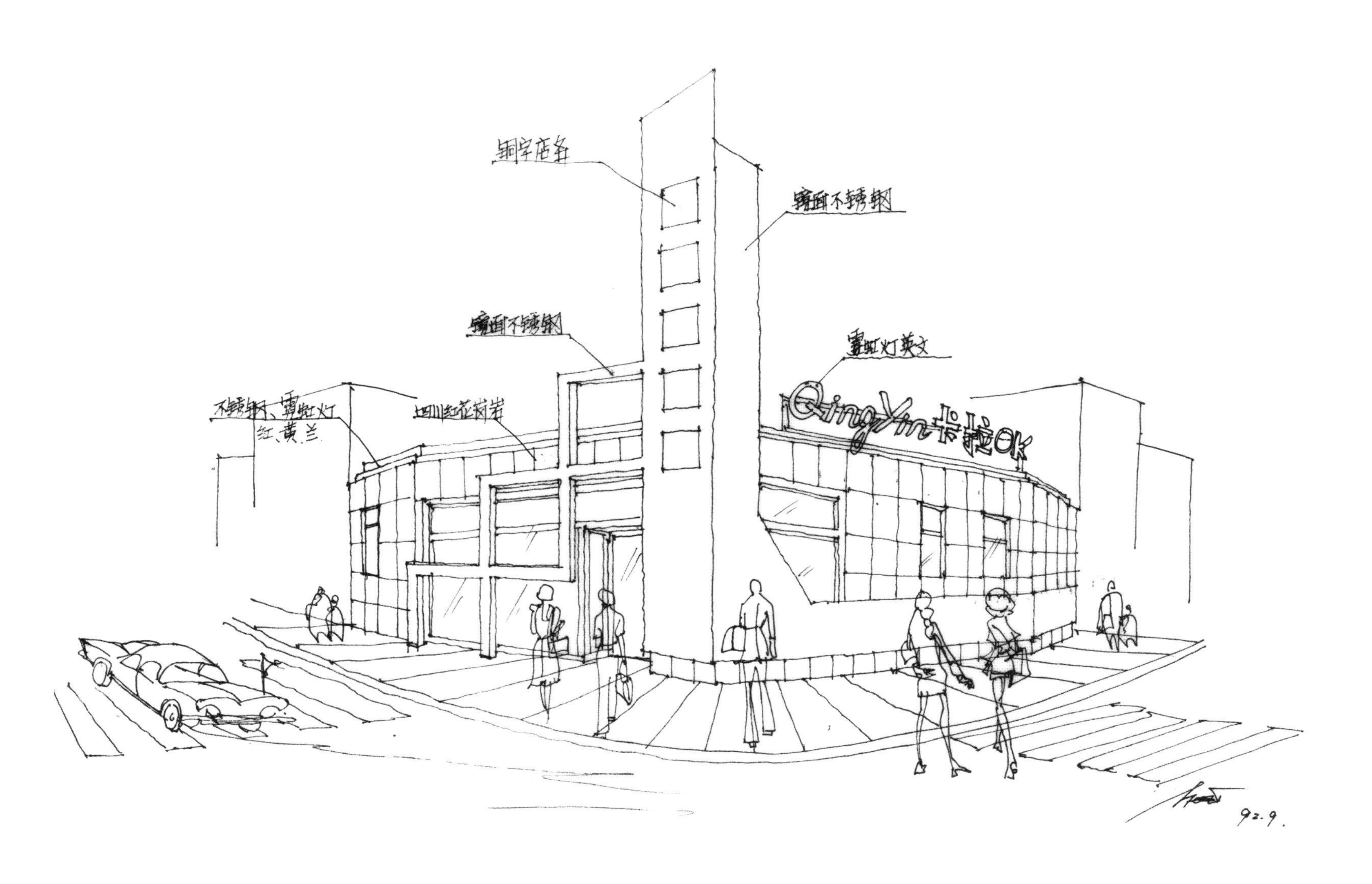

时间：1992 年 9 月　　画幅：436mm × 302mm　　工具：钢笔　　纸张：硫酸纸

方案二

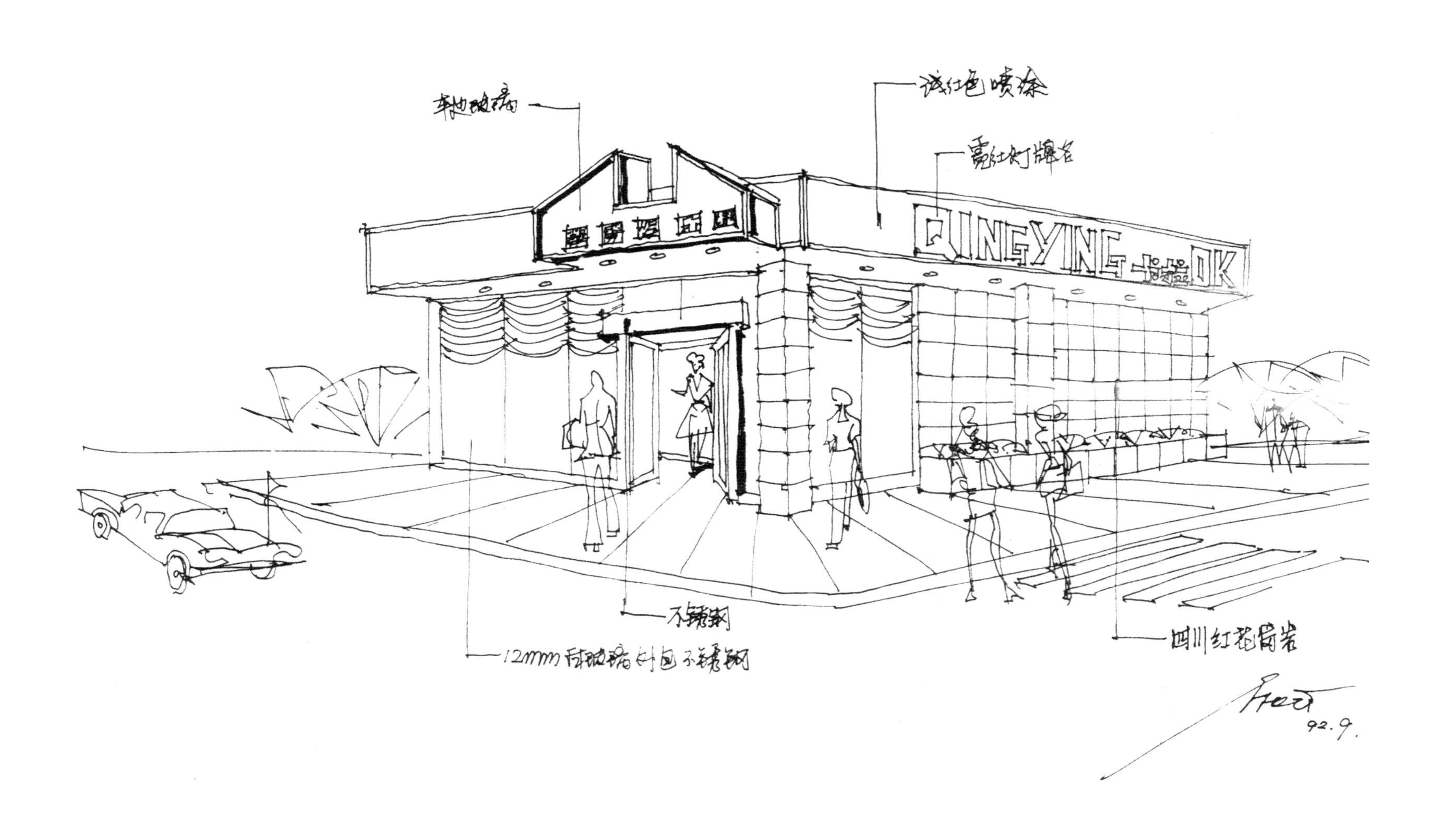

时间：1992 年 9 月　　画幅：420mm × 297mm　　工具：钢笔　　纸张：复印纸

方案三

时间：1992 年 9 月　　画幅：436mm × 302mm　　工具：钢笔　　纸张：硫酸纸

入口透视（一）

时间：1993 年 1 月　　画幅：540mm × 390mm　　工具：铅笔、鸭嘴笔、马克笔、三角尺、牙刷、水粉　　纸张：白卡纸

入口透视（二）

时间：1993 年 1 月　　画幅：540mm × 390mm　　工具：铅笔、鸭嘴笔、马克笔、三角尺、牙刷、水粉　　纸张：白卡纸

办公楼（一）

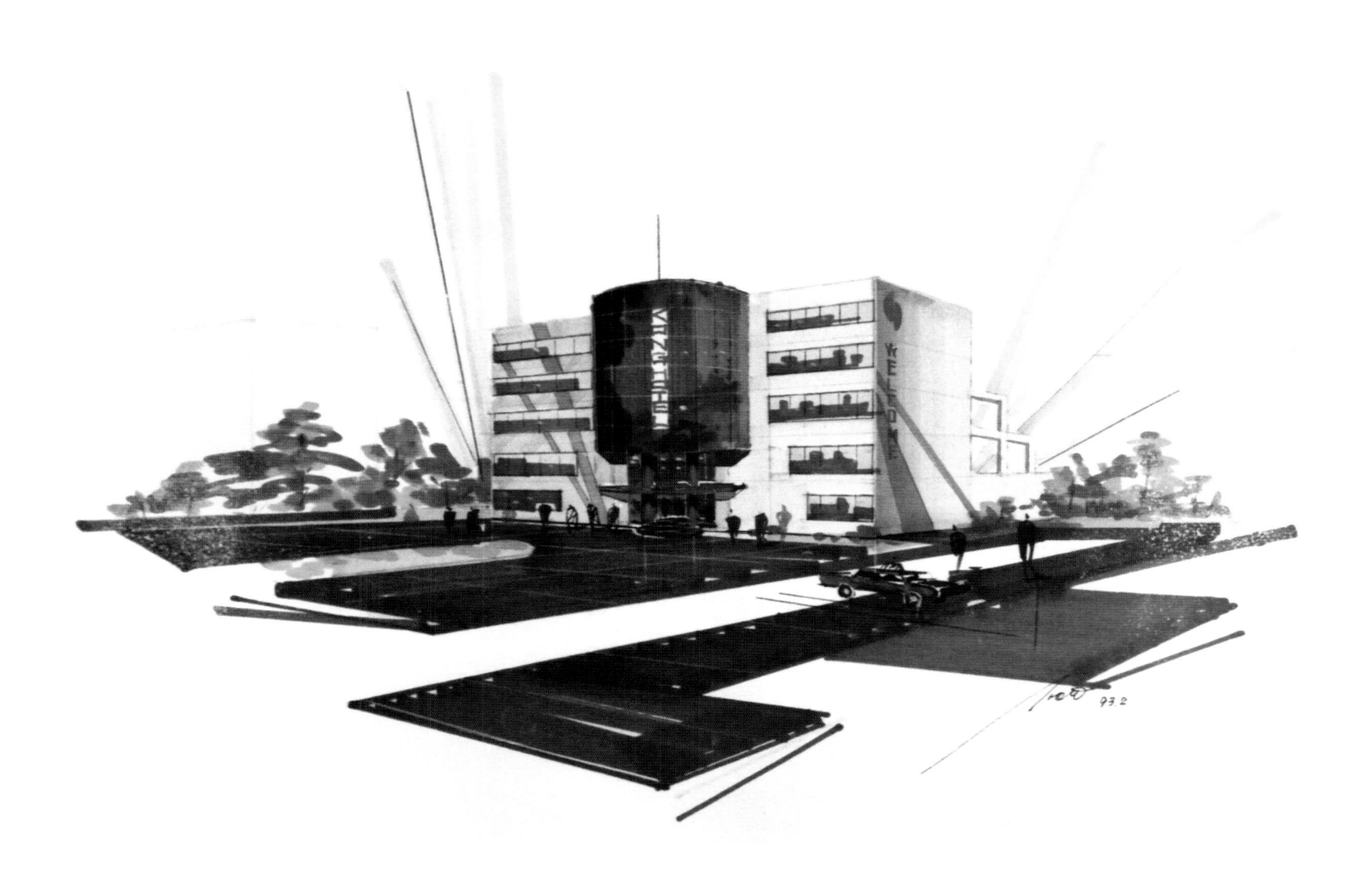

时间：1993 年 2 月　　画幅：540mm × 390mm　　工具：铅笔、鸭嘴笔、马克笔、三角尺、牙刷、水粉　　纸张：白卡纸

百货商场（一）

时间：1993 年 2 月 22 日　　画幅：540mm × 390mm　　工具：铅笔、鸭嘴笔、水粉笔、水彩笔、三角尺、水粉、水彩　　纸张：水粉纸（裱纸）

时间：1993 年 3 月 2 日　　画幅：540mm × 390mm　　工具：铅笔、鸭嘴笔、水粉笔、水彩笔、三角尺、水粉、水彩　　纸张：水粉纸（裱纸）

浦东同华大厦

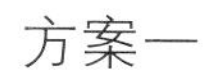

方案一

时间：1993 年 3 月 8 日　　画幅：390mm × 540mm　　工具：铅笔、鸭嘴笔、水粉笔、水彩笔、三角尺、水粉、水彩　　纸张：水粉纸（裱纸）

方案二

时间：1993 年 4 月 8 日　　画幅：297mm × 210mm　　工具：钢笔　　纸张：复印纸

时间：1993 年 6 月 2 日　　画幅：540mm × 390mm　　工具：铅笔、鸭嘴笔、马克笔、三角尺、牙刷、水粉　　纸张：白卡纸

时间：1993 年 10 月　　画幅：540mm × 390mm　　工具：铅笔、鸭嘴笔、马克笔、三角尺、牙刷、水粉　　纸张：白卡纸

时间：1993 年 10 月　画幅：432mm × 305mm　工具：钢笔　纸张：蓝图纸（原件采用硫酸纸）

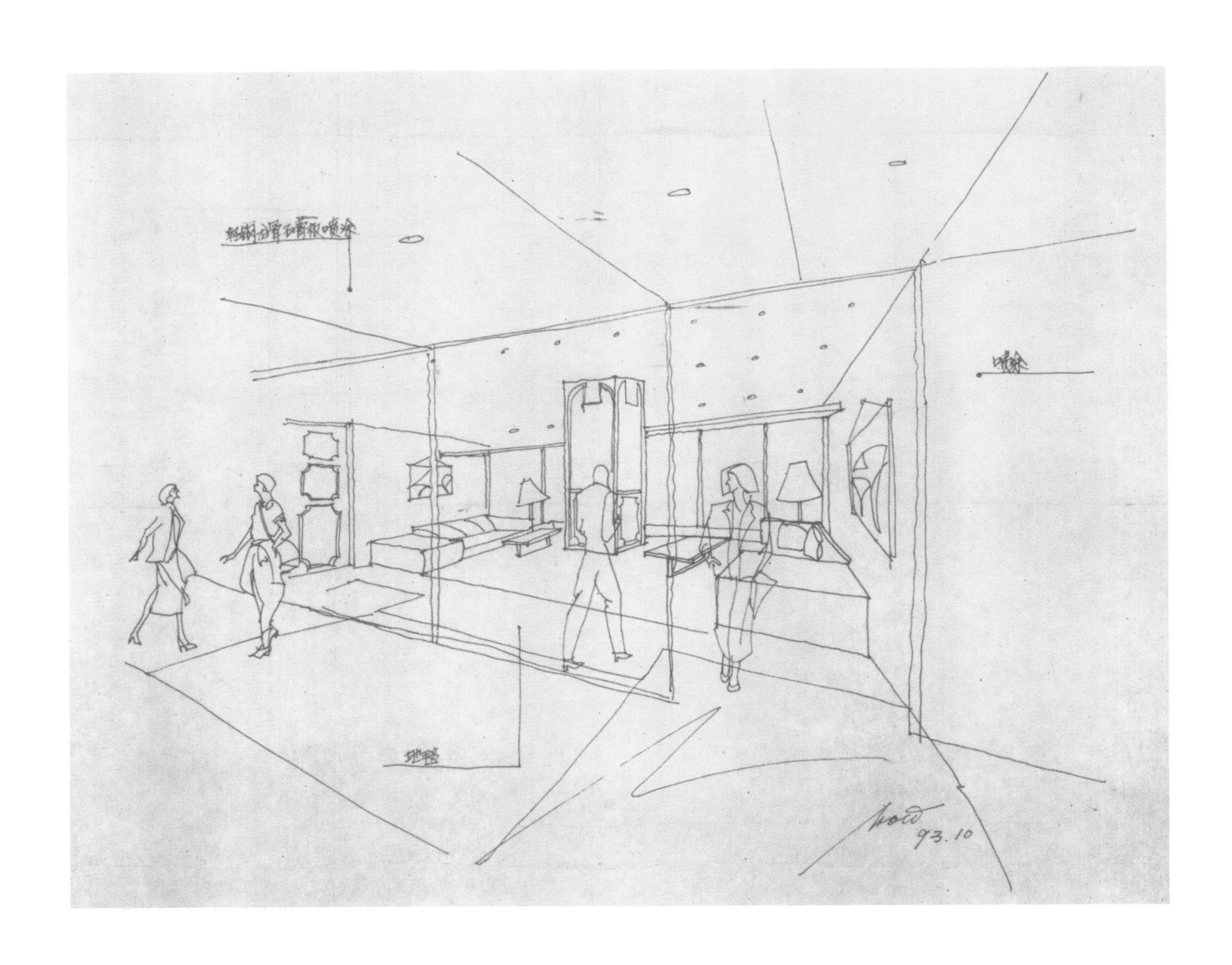

时间：1993 年 10 月　　画幅：432mm × 305mm　　工具：钢笔　　纸张：蓝图纸（原件采用硫酸纸）

时间：1993 年 10 月　　画幅：540mm × 390mm　　工具：铅笔、鸭嘴笔、马克笔、三角尺、牙刷、水粉　　纸张：白卡纸

高邮市烟草公司大厦

方案一

时间：1994 年 1 月　　画幅：334mm × 214mm　　工具：钢笔　　纸张：蓝图纸（原件采用硫酸纸）

方案二（一）

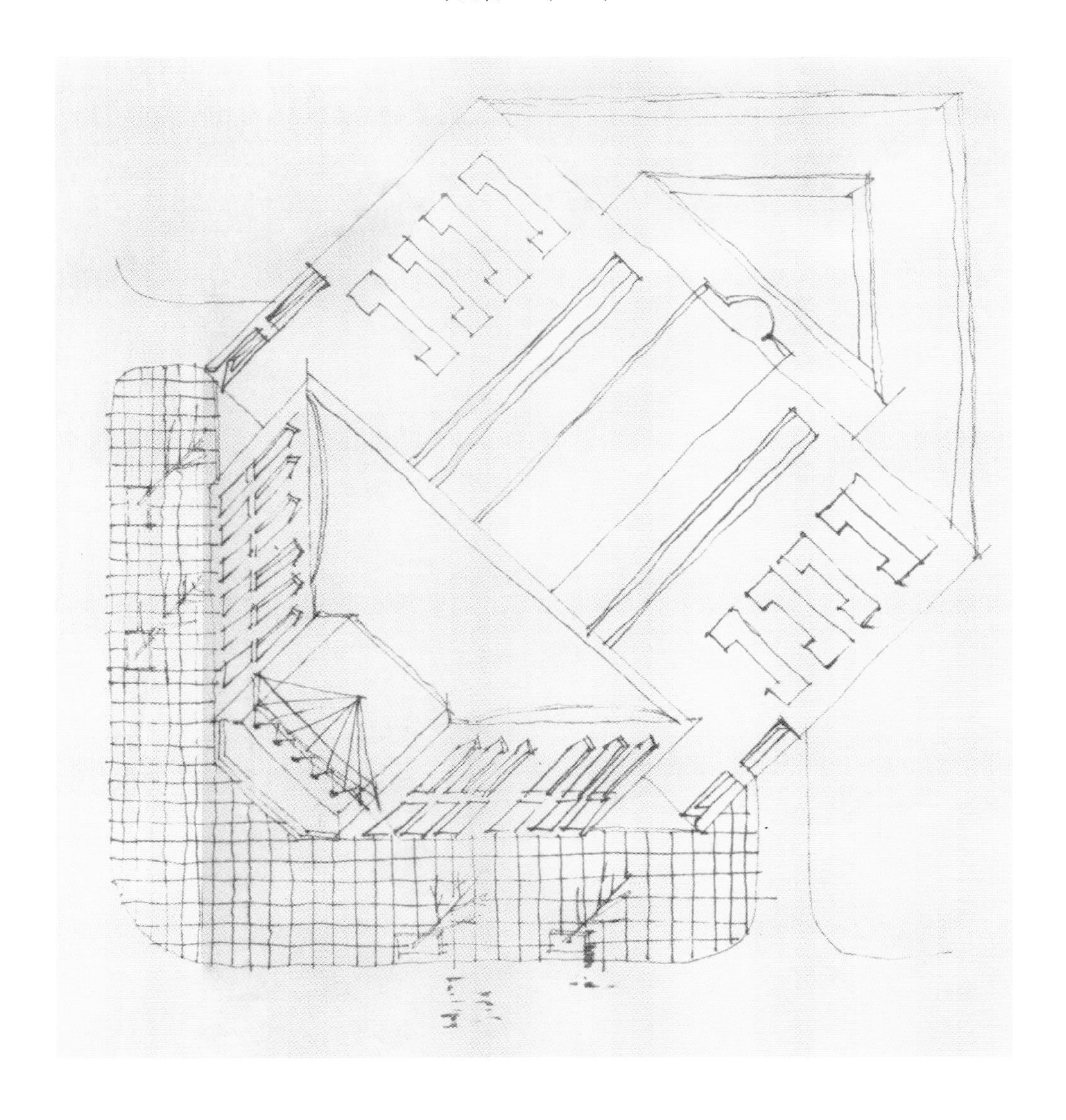

时间：1994 年 1 月　　画幅：242mm × 262mm　　工具：钢笔　　纸张：蓝图纸（原件采用硫酸纸）

方案二（二）

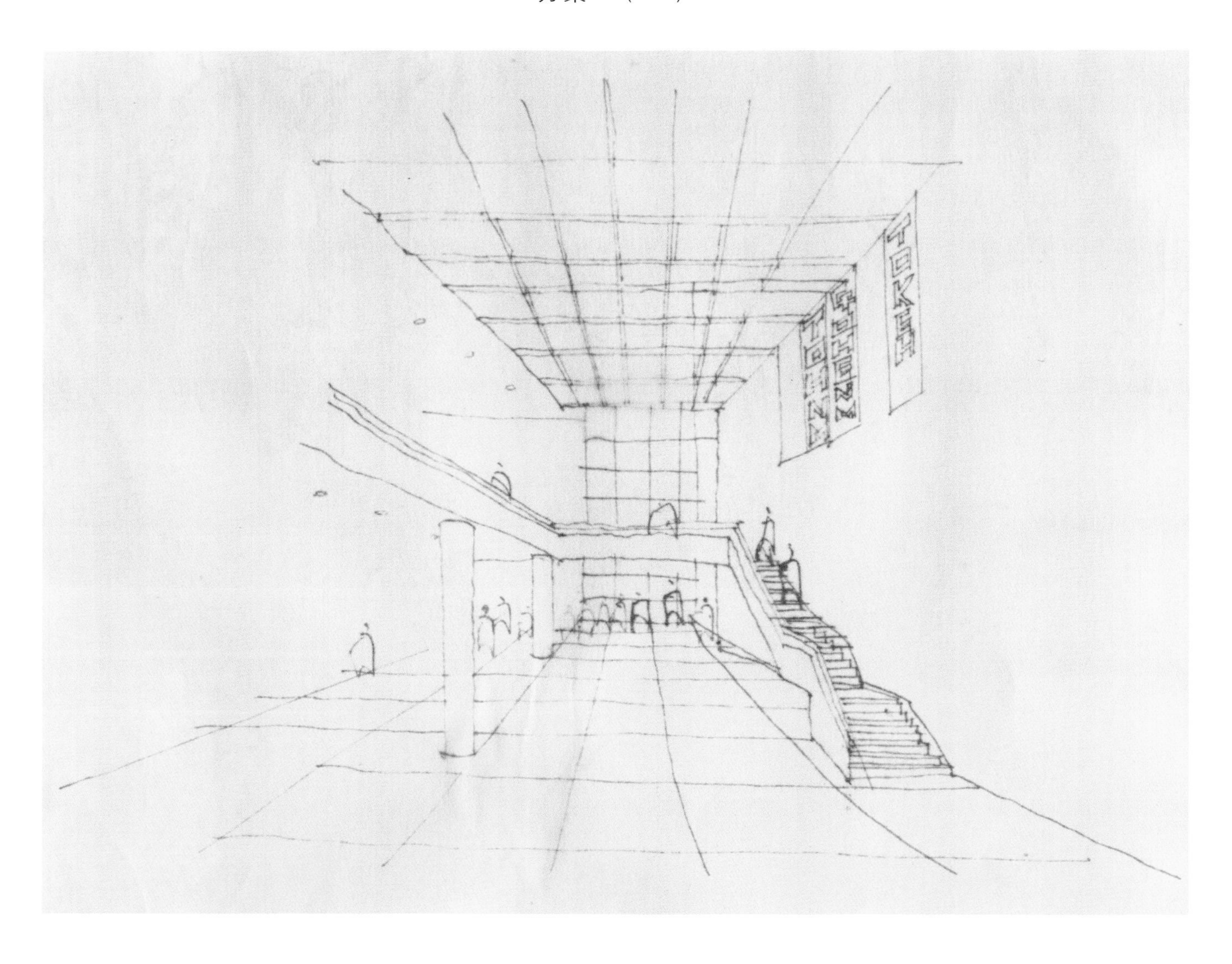

时间：1994 年 1 月　　画幅：238mm × 185mm　　工具：钢笔　　纸张：蓝图纸（原件采用硫酸纸）

方案二（三）

时间：1994 年 1 月　　画幅：324mm × 217mm　　工具：钢笔　　纸张：蓝图纸（原件采用硫酸纸）

门面

时间：1994 年 4 月　　画幅：436mm × 302mm　　工具：钢笔　　纸张：硫酸纸

二楼餐厅

时间：1994 年 4 月　　画幅：436mm × 302mm　　工具：钢笔　　纸张：硫酸纸

三楼舞厅

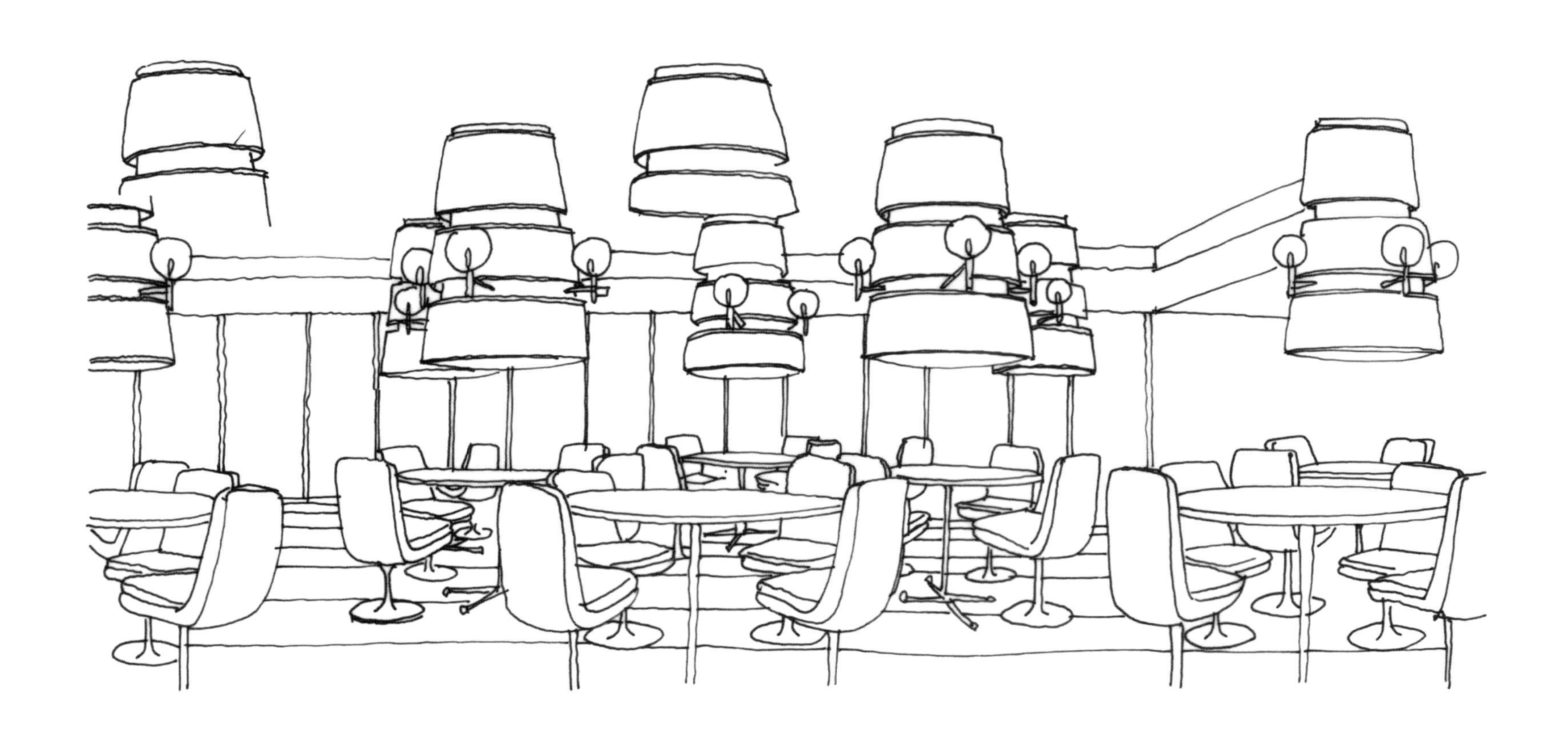

时间：1994 年 4 月　　画幅：436mm × 302mm　　工具：钢笔　　纸张：硫酸纸

小餐厅

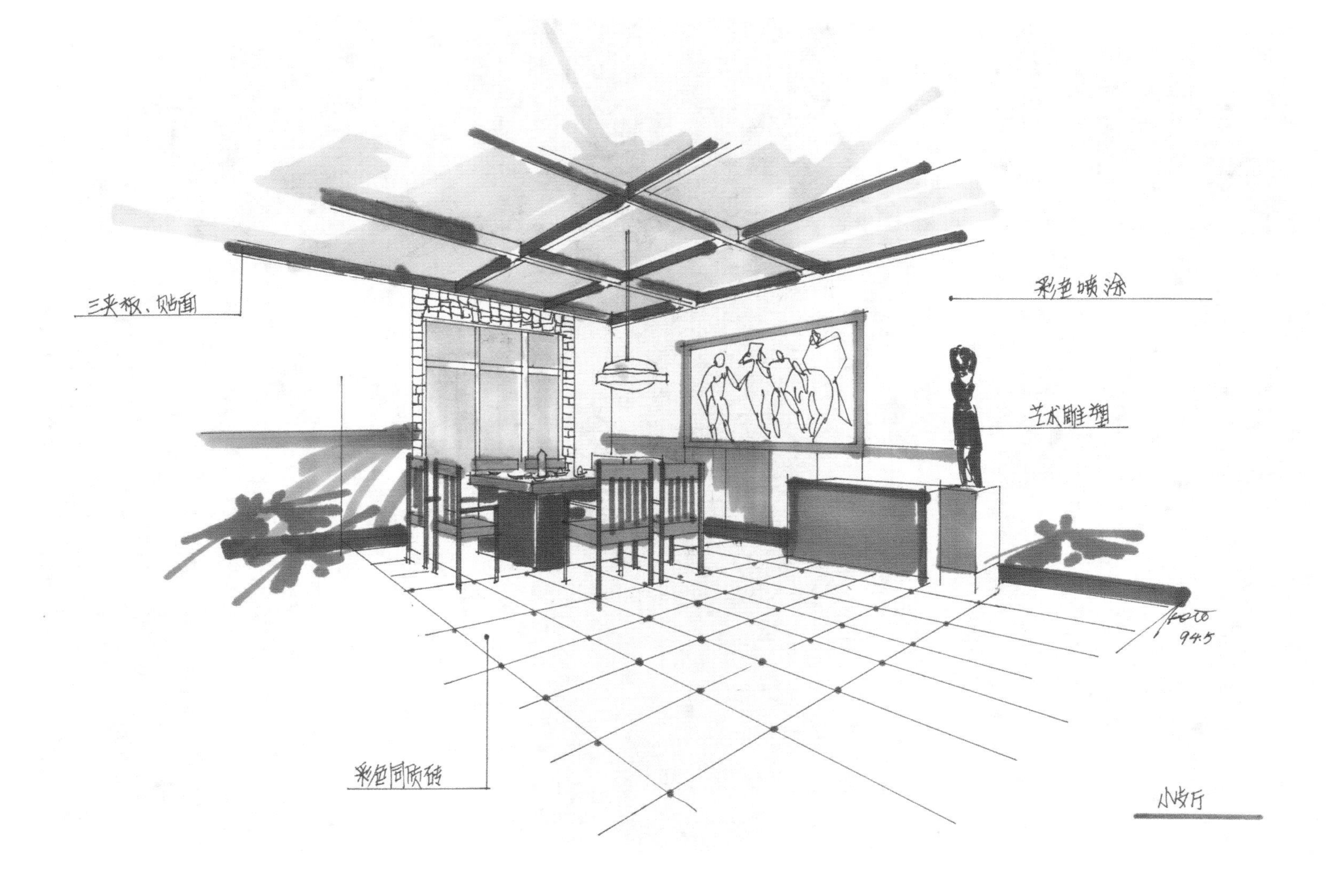

时间：1994 年 5 月　　画幅：420mm × 297mm　　工具：铅笔、针管笔、马克笔、三角尺　　纸张：复印纸

餐厅

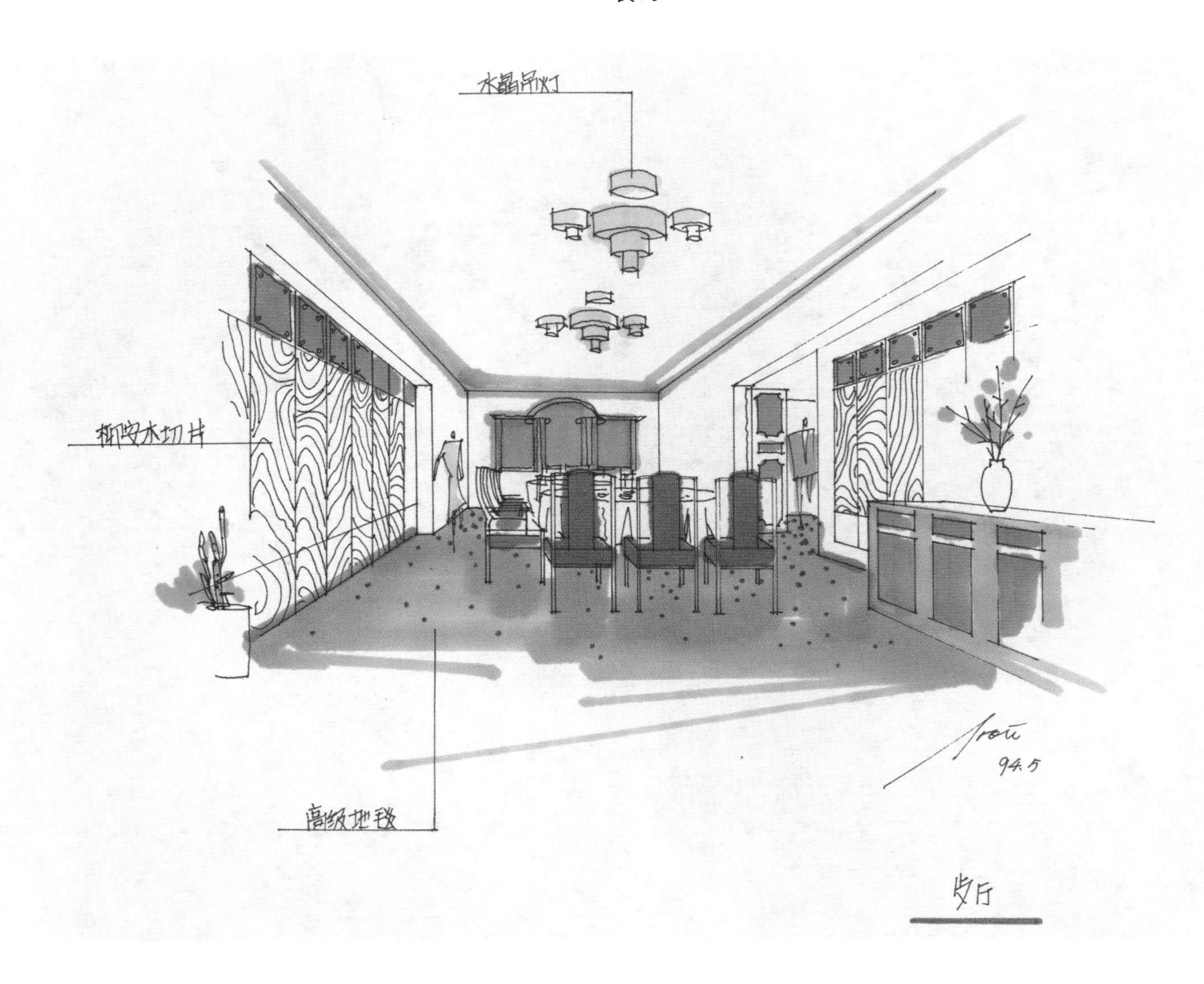

时间：1994 年 5 月　　画幅：420mm × 297mm　　工具：铅笔、针管笔、马克笔、三角尺　　纸张：复印纸

大餐厅

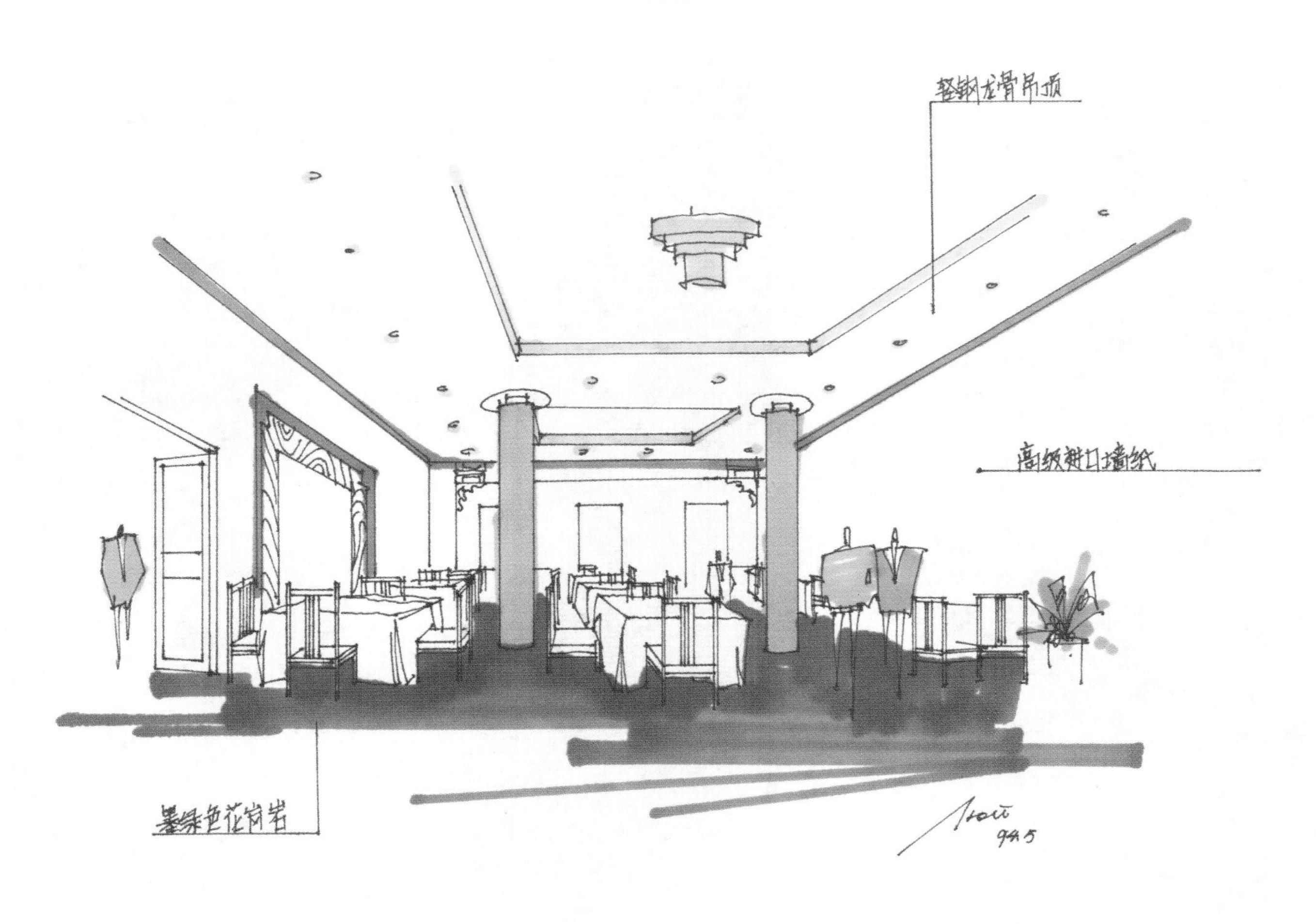

时间：1994 年 5 月　　画幅：420mm × 297mm　　工具：铅笔、针管笔、马克笔、三角尺　　纸张：复印纸

套间会客厅

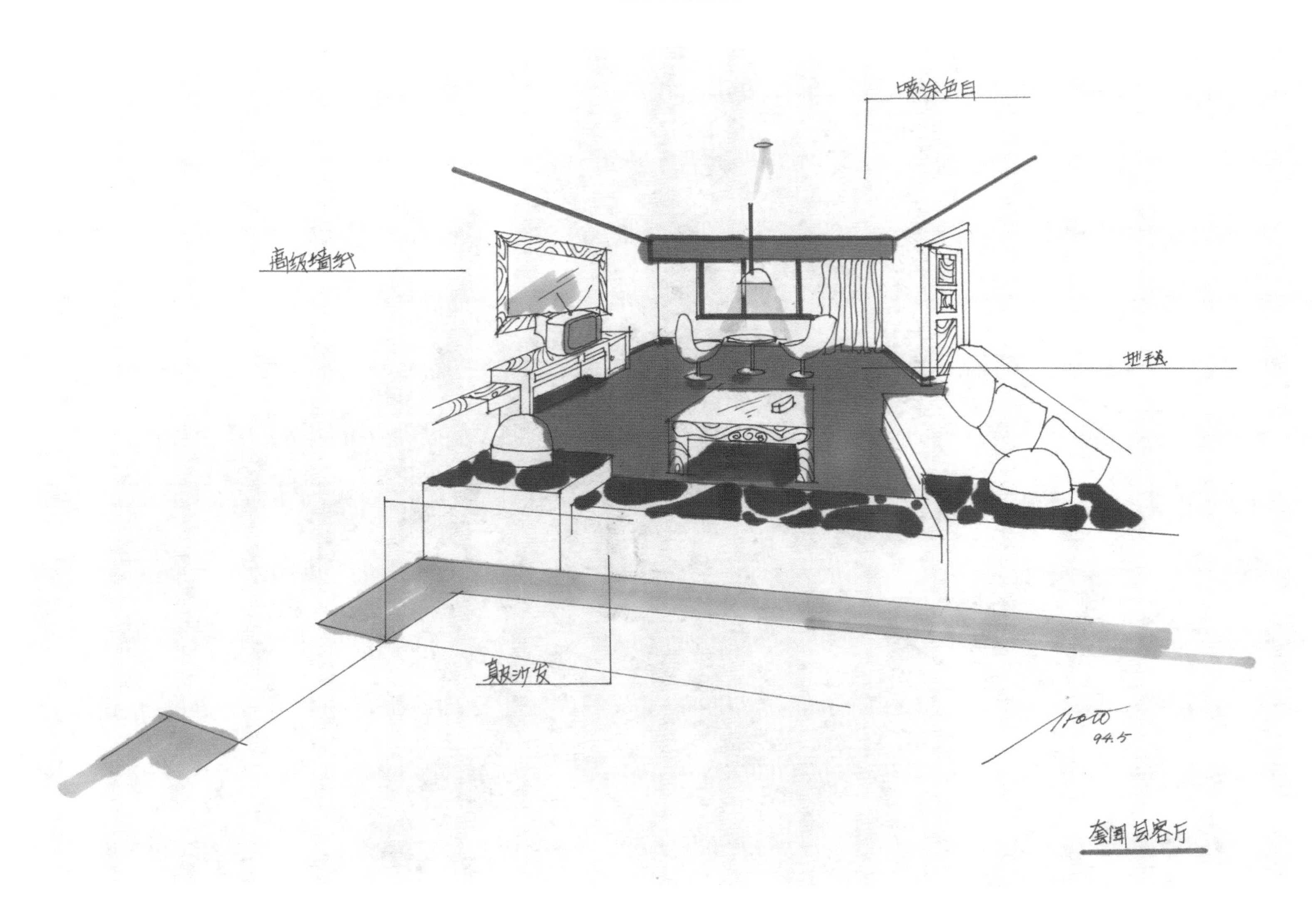

时间：1994 年 5 月　　画幅：420mm × 297mm　　工具：铅笔、针管笔、马克笔、三角尺　　纸张：复印纸

咖啡厅

时间：1994 年 5 月　　画幅：420mm × 297mm　　工具：铅笔、针管笔、马克笔、三角尺　　纸张：复印纸

商场

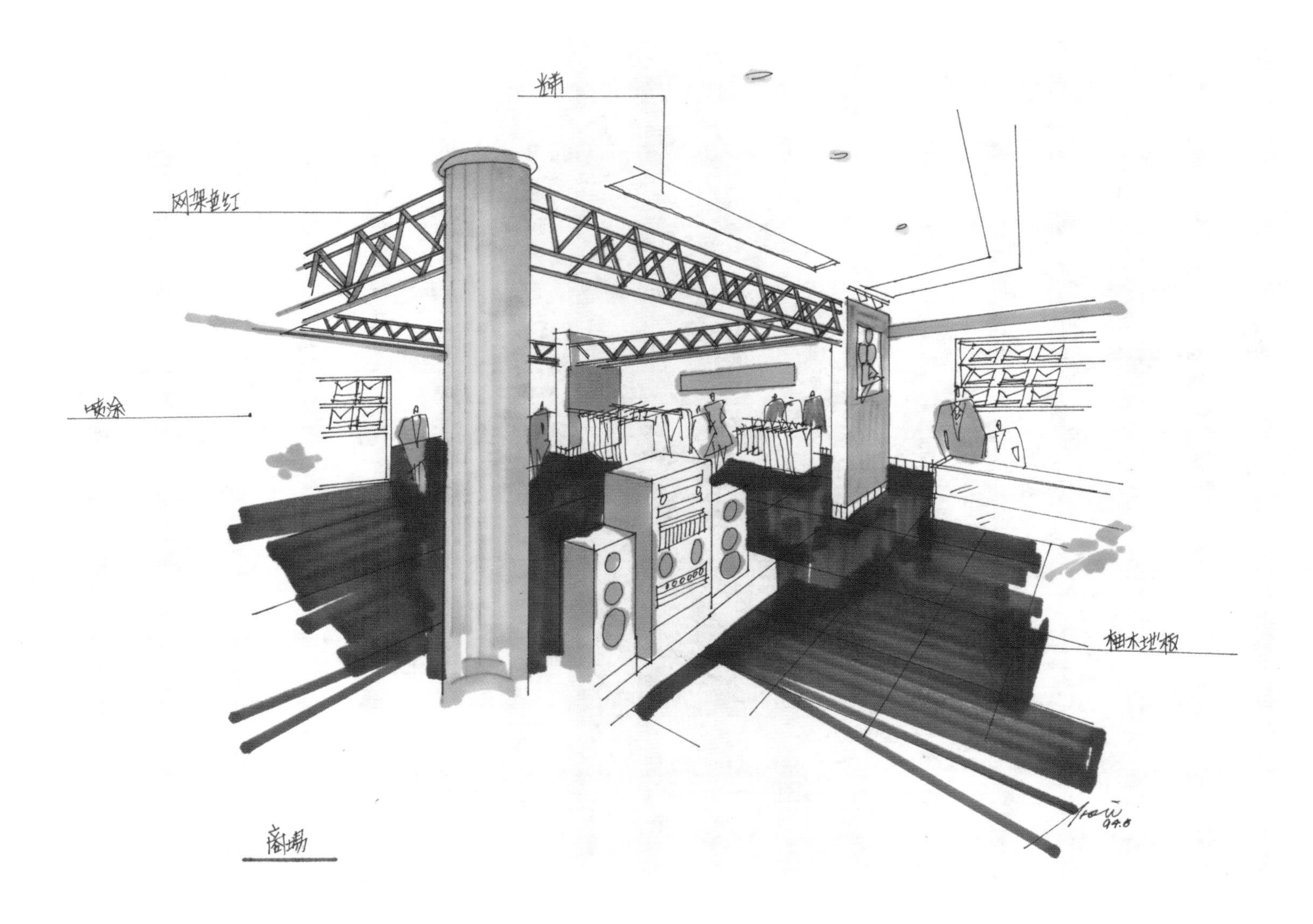

时间：1994 年 5 月　　画幅：420mm × 297mm　　工具：铅笔、针管笔、马克笔、三角尺　　纸张：复印纸

鸟瞰图

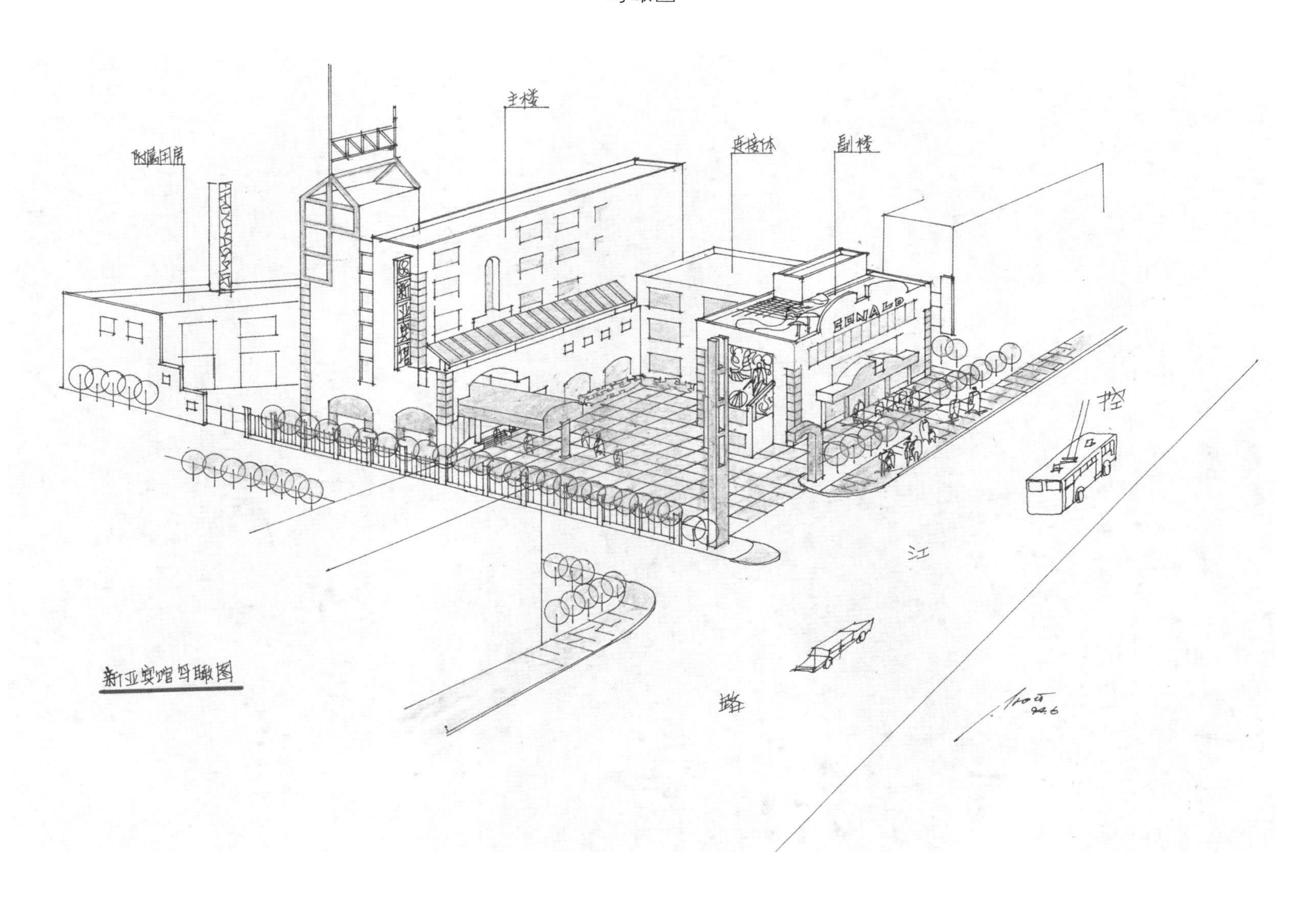

时间：1994 年 6 月　　画幅：420mm × 297mm　　工具：铅笔、针管笔、彩色铅笔、三角尺　　纸张：复印纸

入口

时间：1994 年 6 月　　画幅：420mm × 297mm　　工具：钢笔　　纸张：硫酸纸

舞厅

时间：1994 年 6 月　　画幅：420mm × 297mm　　工具：铅笔、针管笔、马克笔、三角尺　　纸张：复印纸

客房

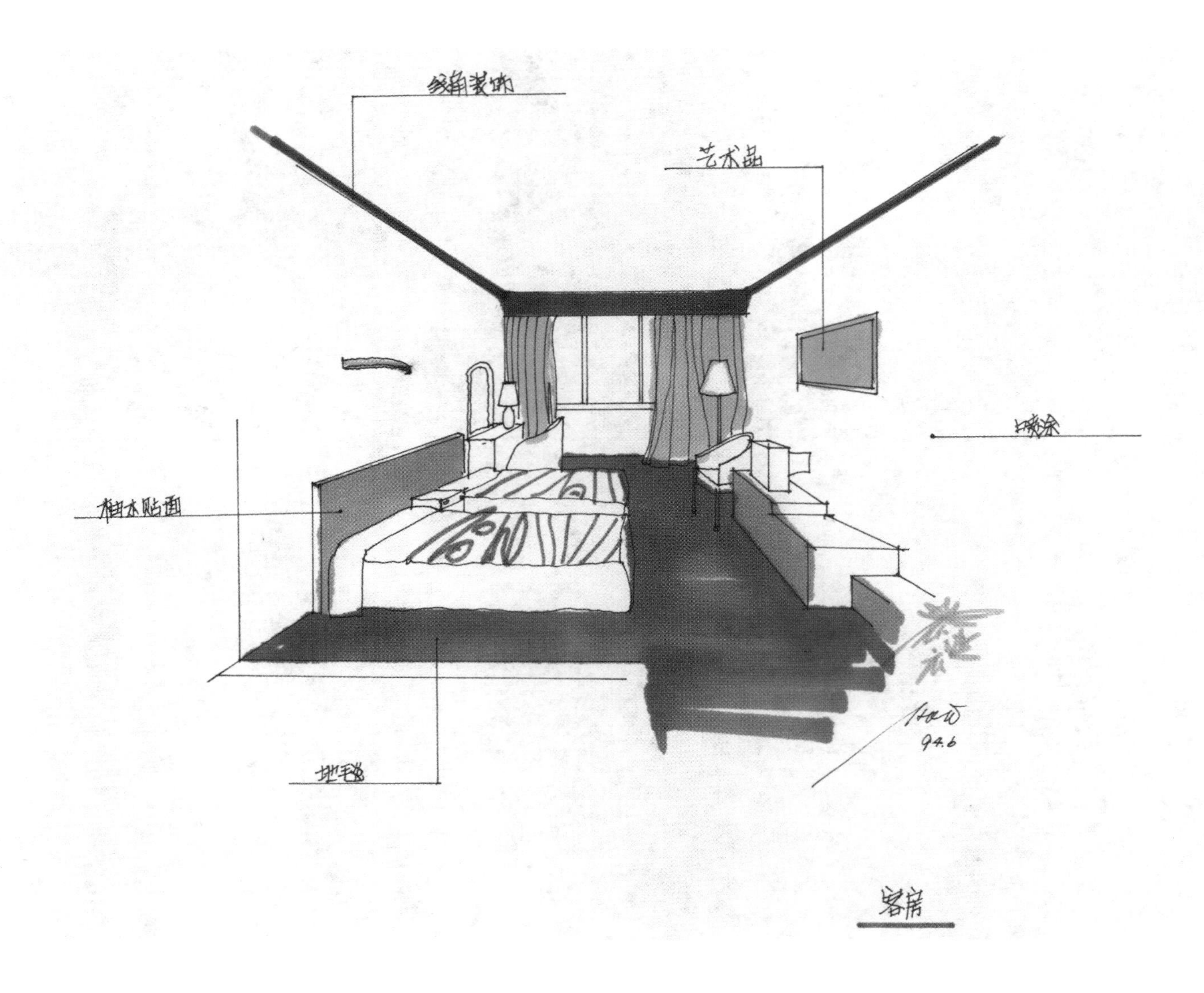

时间：1994 年 6 月　画幅：420mm × 297mm　工具：铅笔、针管笔、马克笔、三角尺　纸张：复印纸

美容中心

时间：1994 年 6 月　　画幅：420mm × 297mm　　工具：铅笔、针管笔、马克笔、三角尺　　纸张：复印纸

大堂

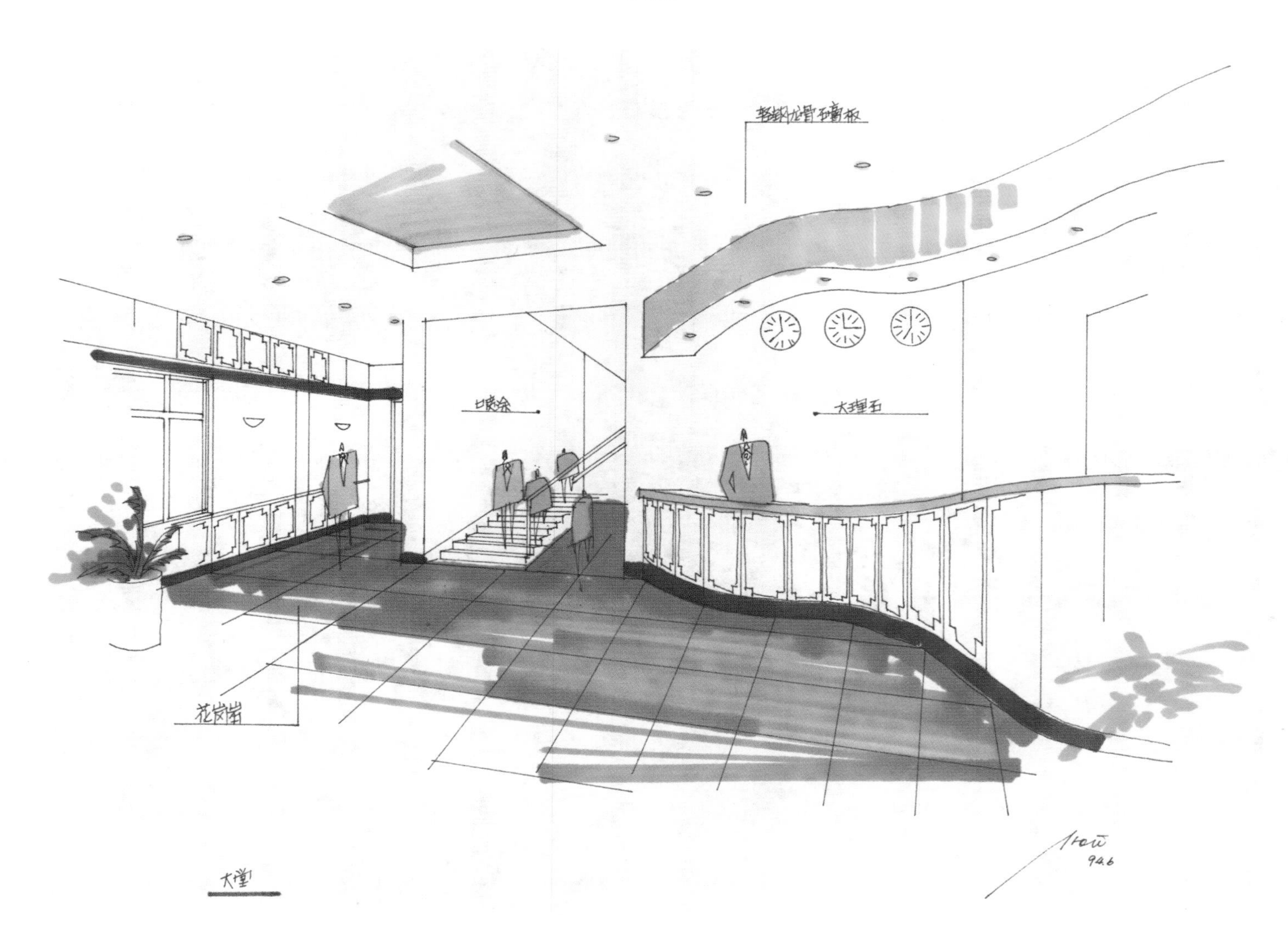

时间：1994 年 6 月　　画幅：420mm × 297mm　　工具：铅笔、针管笔、马克笔、三角尺　　纸张：复印纸

上海小绍兴大厦

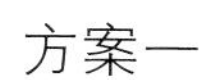

时间：1994 年 10 月　　画幅：210mm × 297mm　　工具：铅笔、针管笔、三角尺、彩色铅笔　　纸张：复印纸

方案二

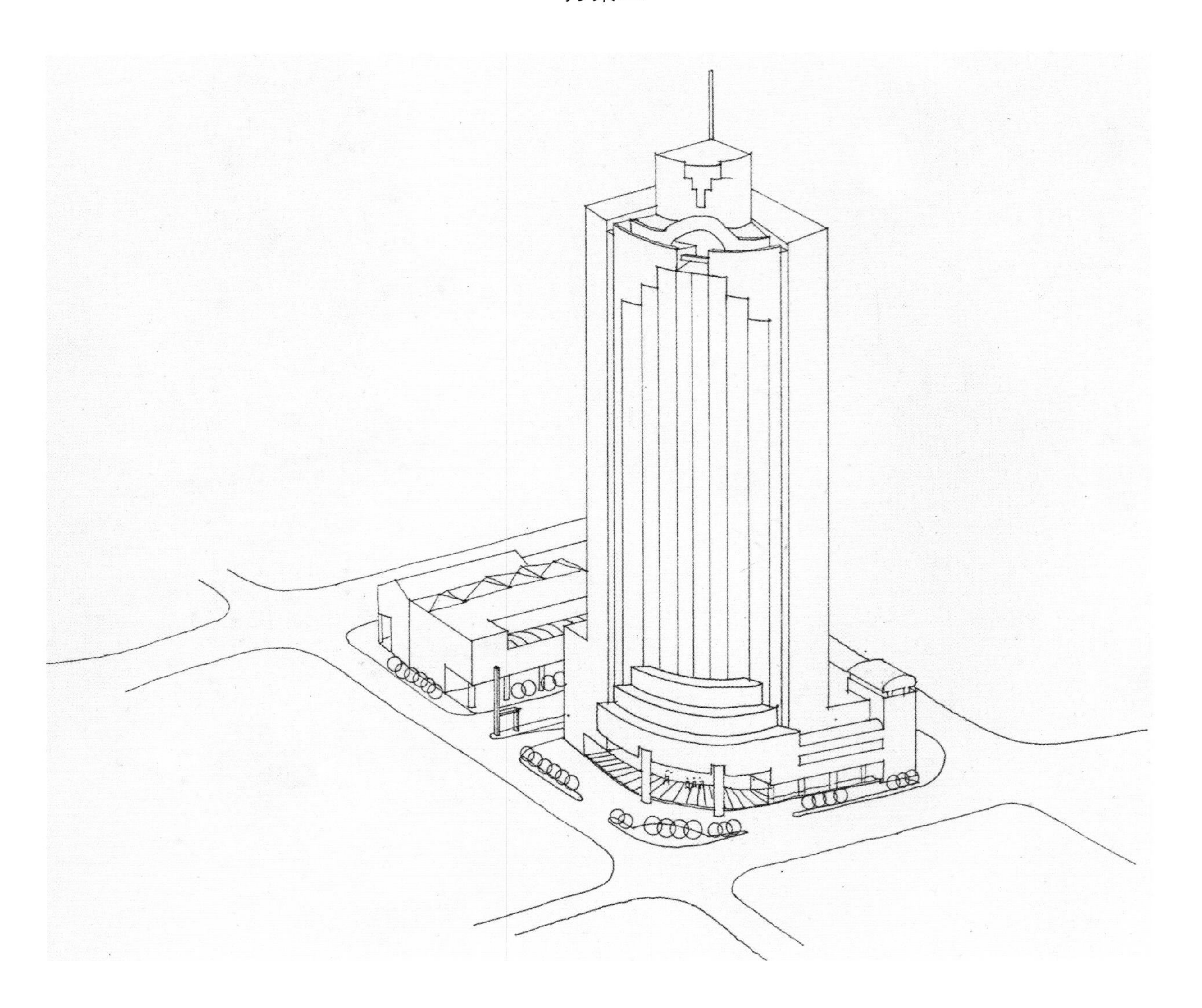

时间：1994 年 10 月　　画幅：288mm × 216mm　　工具：铅笔、针管笔、三角尺　　纸张：复印纸

松江大酒店

时间：1994 年 12 月　　画幅：540mm × 390mm　　工具：铅笔、鸭嘴笔、马克笔、三角尺、牙刷、水粉　　纸张：白卡纸

画幅：540mm × 390mm　　工具：铅笔、鸭嘴笔、水粉笔、三角尺、水粉　　纸张：水粉纸（裱纸）

画幅：780mm × 540mm　　工具：铅笔、鸭嘴笔、水粉笔、水彩笔、三角尺、水粉、水彩　　纸张：水粉纸（裱纸）

画幅：540mm × 780mm　　工具：铅笔、鸭嘴笔、水粉笔、水彩笔、三角尺、水粉、水彩　　纸张：水粉纸（裱纸）

画幅：540mm × 390mm　　工具：铅笔、鸭嘴笔、马克笔、三角尺、牙刷、水粉　　纸张：白卡纸

宾馆入口

画幅：780mm × 540mm　　工具：铅笔、鸭嘴笔、水粉笔、水彩笔、三角尺、水粉、水彩　　纸张：水粉纸（裱纸）

画幅：780mm × 540mm　　工具：铅笔、鸭嘴笔、水粉笔、水彩笔、三角尺、水粉、水彩　　纸张：水粉纸（裱纸）

画幅：540mm × 780mm　　工具：铅笔、鸭嘴笔、水粉笔、水彩笔、三角尺、水粉、水彩　　纸张：水粉纸（裱纸）

画幅：390mm × 510mm　　工具：铅笔、鸭嘴笔、马克笔、三角尺、牙刷、水粉　　纸张：白卡纸

画幅：350mm × 540mm　　工具：铅笔、鸭嘴笔、马克笔、三角尺、牙刷、水粉　　纸张：白卡纸

商业门面（六）

画幅：390mm × 510mm　　工具：铅笔、鸭嘴笔、马克笔、三角尺、牙刷、水粉　　纸张：白卡纸

商业门面（七）

画幅：540mm × 390mm　　工具：铅笔、鸭嘴笔、马克笔、三角尺、牙刷、水粉　　纸张：白卡纸

画幅：540mm × 390mm　　工具：铅笔、鸭嘴笔、马克笔、三角尺、牙刷、水粉　　纸张：白卡纸

画幅：540mm × 390mm　　工具：铅笔、鸭嘴笔、马克笔、三角尺、牙刷、水粉　　纸张：白卡纸

画幅：540mm × 390mm　　工具：铅笔、鸭嘴笔、马克笔、三角尺、牙刷、水粉　　纸张：白卡纸

画幅：545mm × 390mm　　工具：铅笔、鸭嘴笔、马克笔、三角尺、牙刷、水粉　　纸张：白卡纸

画幅：540mm × 390mm　　工具：铅笔、鸭嘴笔、马克笔、三角尺、牙刷、水粉　　纸张：白卡纸

画幅：540mm × 390mm　　工具：铅笔、鸭嘴笔、马克笔、三角尺、牙刷、水粉　　纸张：白卡纸

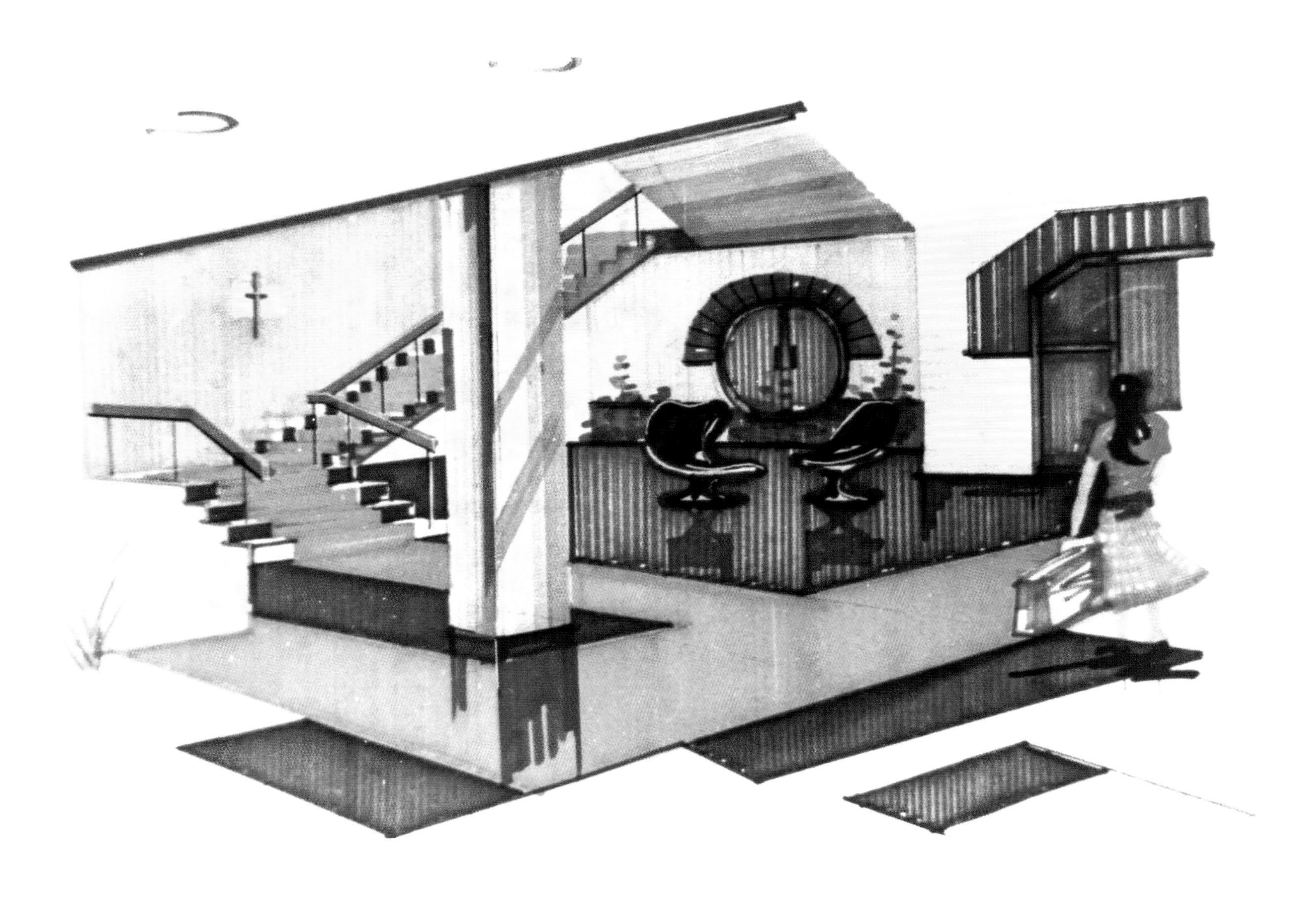

画幅：540mm × 390mm　　工具：铅笔、鸭嘴笔、马克笔、三角尺、牙刷、水粉　　纸张：白卡纸

画幅：540mm × 390mm　　工具：铅笔、鸭嘴笔、马克笔、三角尺、牙刷、水粉　　纸张：白卡纸

画幅：436mm × 316mm　　工具：钢笔　　纸张：硫酸纸

画幅：780mm × 540mm　　工具：铅笔、鸭嘴笔、水粉笔、三角尺、水粉　　纸张：水粉纸（裱纸）

餐厅（五）

画幅：540mm × 390mm　　工具：铅笔、鸭嘴笔、马克笔、三角尺、牙刷、水粉　　纸张：白卡纸

画幅：540mm × 390mm　　工具：铅笔、鸭嘴笔、马克笔、三角尺、牙刷、水粉　　纸张：白卡纸

画幅：540mm × 390mm　　工具：铅笔、鸭嘴笔、马克笔、三角尺、牙刷、水粉　　纸张：白卡纸

画幅：540mm × 390mm　　工具：铅笔、鸭嘴笔、马克笔、三角尺、牙刷、水粉　　纸张：白卡纸

画幅：540mm × 390mm　　工具：铅笔、鸭嘴笔、马克笔、三角尺、牙刷、水粉　　纸张：白卡纸

画幅：610mm × 428mm　　工具：铅笔、钢笔、马克笔、三角尺　　纸张：蓝图纸（原件采用硫酸纸）

文章（2021年）

（1）《龙江纪行之日月峡水伊方》，发表于《北国旅游》，哈尔滨市社会科学院，2021年第6期，总第81期：74–75。

（2）《哈尔滨的色彩》，发表于《北国旅游》，哈尔滨市社会科学院，2021年第5期，总第80期：70–73。

（3）《打造观光巴士“黄金环线”》，发表于《哈尔滨政协》，2021年第4期，总第131期：34。

（4）《水绘黑龙江》，发表于《北国旅游》，哈尔滨市社会科学院，2021年第4期，总第79期：63–65；发表于《侨心永向党 翰墨书辉煌：龙江侨界喜迎建党100周年主题征文汇编》，黑龙江省归国华侨联合会，2021年7月：15–18；发表于“黑龙江侨联”微信公众号，2021年4月1日；发表于“中国侨联”微信公众号，2021年4月12日。

（5）《跟〈北国旅游〉有个约》，发表于《北国旅游》，哈尔滨市社会科学院，2021年第3期，总第78期：20–21。

（6）《龙江纪行之伊春双馆》，发表于《北国旅游》，哈尔滨市社会科学院，2021年第3期，总第78期：72–73。

（7）《关于规划和建设我市观光巴士系统的思考》，发表于《哈尔滨市情活页》，中共哈尔滨市委史志研究室，2021年第2期，总第105期：40–41。

（8）《龙江纪行之龙花温泉小镇》，发表于《北国旅游》，哈尔滨市社会科学院，2021年第1期，总第76期：68–69。

绘画（2021年）

（1）《鲁迅故居》，发表于《海归学人》，2021年第6期，总第72期：33。

（2）伺母插图，发表于《伺母日记》，临泉斋出品，2021年12月：28，39，53，284，347，476，530，537。

（3）《中共二大会址纪念馆》，发表于《海归学人》，2021年第5期，总第71期：31。

（4）《同济大学一·二九礼堂》，发表于《海归学人》，2021年第4期，总第70期：35。

（5）《鲁迅纪念馆》，发表于《海归学人》，2021年第3期，总第69期：33。

（6）《旧上海卫生试验室》，发表于《海归学人》，2021年第2期，总第68期：27。

（7）《上海图书馆》，发表于《海归学人》，2021年第1期，总第67期：31。

后　记

Postscript

百花天地争妍斗艳，艺术世界芬芳馥郁，设计寰宇美轮美奂。

在艺术的殿堂里，绘画总是以别样的笔触展现着生活的多姿多彩，在天空构思奇想，给大地涂抹上异彩，用线条描绘天底下的喜怒哀乐；而设计则总是以精彩的方式展演着人间的锦绣天堂，将创意叠加以韵律，使赏心浸染上朝气。绘画和设计就是这样紧密相连，雍容娴雅地相互陪衬。在绘画和设计交相辉映的核心点，设计效果图让我们灵光乍现，在无电脑时代它被称为手绘设计效果图。

融汇了绘画艺术和设计创意的手绘设计效果图，通过一双手、一支笔、一把刷、一张纸、一块大图板、一副三角尺、一个调色板和一堆草图稿，在方寸时空中应和着心灵的张扬，在透视技法里演绎着探索的目光，描绘出智慧的创新思想，刻画出广博的创作图像。它们或平视或仰视，或轴侧或鸟瞰，似概括又写真，似色块又具象，总而言之，包容着一切审视和欣赏、赞扬和批评，为工程项目“一画赢得天地开”扬起了启航的风帆。何必在意概括和写真，又何必在乎色块和具象，都没关系，设计就在那，绘画就于此，“一画之法立而万物著矣”。

2021 年，我一如既往地忙碌，为了规划设计和建筑设计奔忙，为了学术交流和勘察调研驰骋万里。我重走延安到北安之路，开启了长途跋涉的钢笔速写之旅，不忘初心，乐在其中。

2021 年，我的征程起始于对黑龙江驿站古道的探访和寻踪。应中共黑河市委宣传部和腾讯旅游联合之邀，我在春暖花开的明媚四月，寻访了从嫩江到黑河的驿道古境，为黑龙江旅游线路的开拓献计献策。从公园规划到项目设计，从绘画双城到《速写中俄》，黑河市于我而言称得上是十分熟悉的城市，毕竟在上海市和黑河市之间的无数次往返也使我老“吕”识途。但古驿站的寻觅之道对我而言还真是“初来乍到”，全程的心灵震撼之余自然感想颇多，用依然故我的骈文体抒发激情澎湃的心境始终最为铿锵有力，我于 4 月 28 日有感而发，随即书就成文并将其发布在自己的朋友圈里。

初暖仍寒春日，数日漫步黑河，相逢亲亲，感慨多多，视眼盈盈，收获满满，其喜洋洋者矣。驿站文化源远流长，古道故事经久流传，捍卫疆域壮怀铭心刻骨，胸怀仰慕，已久神往，今日览胜得幸。博物馆读史，火山群阅新，胜山坤站环视，名人志士膜拜，中华驰道精彩纷呈。采金先民惊世，站丁流民拱手，瑷珲古城朝天，先祖英灵叩首，东去黑龙江饱经世纪沧桑。北国天地人间圣洁，寒地涵养寰宇绝响，探秘寻幽，邮路穿行，跨越时空，未来已来，嫩江嫩人歌南北，黑河黑龙江东西，千年沉默岂容再久。东北民居筑法精良，瑷珲城池门阙迎恩，滋油饼小鱼汤味味暖心，探古道为旅而索，访驿站携游而问，探索访问，爱（瑷）我辉（珲）煌大龙江。界江大桥耸立，《速写中俄》酷毙，蓝莓紫，草莓红，黄瓜绿，柿子黄，一派黑龙江流域的人间大戏。仰望蓝天白云，审视古道格局，大山大水出世横空，世界多情必将为之喝彩！

从东北返沪不足一月，艳阳高照之际我又迎来了安徽芜湖之约。首访芜湖自然行程紧凑密集，同时也有序高效，想看的太多，要览的太盛，携长江之秀的芜湖真可谓人杰地灵。风驰电掣看项目、看城市、看人文中猛然回眸惊叹，曾经怎么忽略了地处江南和近在咫尺的这方风水宝地，唯有献上 2021 年 6 月初为芜湖的礼赞才能弥补年少旧时的遗憾。

在“毕竟芜湖六月中”到访江南芜湖，实乃“风光不与四时同”。

徜徉几日，感怀数天，“碧水东流至此回”不断萦绕耳边。夏水初涨，江扩湾秀，岸线迤逦壮美太燃；雨耕山雨中漫步，广济寺广结芜缘，中江望塔，长街回眸，鸠兹古意悠悠。疾步览博物、读规划和走进产业馆，快速查矿坑、行江岸和瞻望老教堂，既看型材线又访建材厂，千步赶作一步迈，万眼并作一目观。还望再回首，共谋规划。

六月是个多愁善感的季节，离别了春的依偎又没到夏的怀抱，只有把过去的挚爱年华拿来反复咀嚼，惆怅那一抹令人眷顾的桃红柳绿。江苏省淮安市是我 30 年前战斗过的地方，一草、一木、一河、一湖都是那样的亲切和令人感怀。淮安市财政局办公楼依然华容婀娜地屹立在勺湖北岸，以不变的身姿迎接着走向成熟的设计主人，此情此景怎能不令人破防!

“六月人归花满地，随时雨过翠连天。”趁首届淮河华商大会之际，再访古都淮安，江河依旧却满目如新，心驰神往更百感交集。忆当初，年少激情，洋溢满怀，为淮安市财政局办公楼设计沪淮奔波，单程一天，车马两日，十余次辛劳往返把酒临风，好一派千古运河催之动情。淮河东去，时光荏苒，过往烟云，尽在建筑生命不言中。仰望蓝天白云，抚摸淮安大地，长鱼蒲菜甲鱼羹成为即将的曾经，水都康养万顷莲化作永恒的愿景，三十年后与你继续同行，让建筑“一娃”不再孤独。

家乡哈尔滨是我每年“吕”途的必到之处，2021 年也不例外。6 月底，我应邀返回哈尔滨参加归国人员活动，并忙活包括录制《听·见哈尔滨》节目在内的一系列事项，离别之际感慨万千，“松花江水长千里，正是家乡宜吾情”，借咏骈文体慷慨激昂一番，情难自禁。

又逢哈尔滨，微风拂柳，天高云淡，满目迷人夏都风土人情。入住敖麓谷雅，皮具木饰白桦树，地板服饰乌乐声，一派北域民族大风景。窗含冰雪融创茂，速写建筑松北境，一如既往匀勒城市。海归座谈，衔署勘察，长卷首墨，侨青演讲，可谓“青春作伴好还乡”。拜见长者，乌苏里船歌字词永生扣人心弦；朋友欢聚，马迭尔精酿传觞换盏白日放歌；搅得篇作，古城池研究墨香付梓心旷神怡；美食码头，大列巴冰棍冻梨红肠美滋美味。哈尔滨之夜说了还要说，岸畔钢琴浪花歌，空中索道跨江滑；松花江之夏讲了再要讲，江南江北彩灯惊，双虹双桥打卡景。忆往昔，通江公园规划冬夏市民闲庭信步；待即将，通江码头江岸水舞台闪亮乍现，莺歌燕舞醉夏更沸腾!

在“力尽不知热，但惜夏日长”的七月，我有机会再次到访陕西西安，走街看巷，推杯换盏，让 2021 年夏日的人生宝囊装满丰富无比的践行思想。一切同关中的渊源和故事化作骈文短篇，我将其分享在朋友圈，发送给好朋友，给骄阳涂抹上情的光环，为古都披挂上金的彩带。

酷暑仲夏，又访西安，太白九嵕南北，泾渭分明归东，感怀一如既往。再走关中路，大唐仍从前。南下蓝田，灞水驿站，猿人遗址难忍浮想联翩。环览决眦，坝塬峁壑极目秦川，一派智人堪舆居所，宝地风水古今通元。探兴庆宫，寻武当赵堡踪影；观碑林馆，觅六骏昭陵千年；游环球港，时尚幸福林带；逛奥体园，九月全国运动会即将呈现。新朋老友，飞花令饮字为酒；觥筹交错，又奈何对茶当歌。长安长治久安，古曰“八水绕长安”；醴泉醴露甘泉，礼记“天降甘露地出醴泉”，贞观盛世迎恩，延万无极华夏。水盆羊肉精酿酒，泡馍凉粉肉夹馍，“七月江水大，沧波涨秋空”。迎金秋，金台观里拜三丰，重走《规道》路。

2021年中对我而言特别有意义的事，就是应邀开启“从延安到北安”红色征程速写寻访活动。活动沿着1945年延安干部团建立东北根据地的北上线路，起始于延安，跨越西北、华北和东北，行程八千里，并最终抵达黑龙江省北安市。在完成绥德新区规划的13年之后，金秋十月的陕北再一次把我纳入其宽厚的襟怀。因为疫情的原因，我们只好将这次的行程压缩到一周内，不顾风雨、争抢每一分钟，为陕西段的红色征程之旅绘出十六幅钢笔速写。

塬峁纵横，长河日圆。穿峻墚，越川岭，心驰神往，思绪万千。延河水滟滟，宝塔山巍巍，延安是永远的神往和神圣。走进鲁艺杨家岭，绘画往事光阴；走入枣园王家坪，速写曾经辉煌，无限地铭记和敬仰。踱步登顶凤凰山，览文昌雄阁把酒临风；漫步探寻南泥湾，访炮兵学校神清气爽，崇高的壮志和理想。赏中央礼堂设计，拱跨奇迹，建筑艺术风采。观红秀《延安延安》，言情并茂，催人潸然泪下；品湖源周秦稠酒，甘醴沁润，上古饕餮佳佐。寻访深入，始知研习一知半解，寻觅渐进，方觉解读微乎其微。唯钢笔速写寄托情思，寻踪探访，挖掘封尘，以线勾勒旧迹，以图描绘时光，以笔凝固过往，以情感怀伟业，以心擘画期冀。江山多娇，待春暖花开再征程，还看今朝“从延安到北安”新篇。

秋归恋金色，冬临催白雪，送别了陕北的秋天，又迎来了东北的初冬。11月份我应邀来到了伊春，在完成工作即将离开之际，赶上了伊春的第一场大雪，这雪恰逢其时，留住了人，也留住了心，我索性就静心伏笔，给情意绵绵的白雪一个“雪迎伊春”的机缘吧！

雪迎伊春，分外妖娆。才别陕北清涧高家坬塬，正逢世界蓝莓乡瑞年雪。望眼枝头千层雪，汤旺河水雪乡音，能不忆伊春。好一派多情白雪拥卧，绵绵笑我感怀迎合。探山水，访芳菲，踏雪勘察，千山鸟不绝，生态伊春浓妆素裹；下绥岭，看民宿，马不停蹄，万径人忙碌，北药基地格局显露。一杯蓝莓酒沁人心脾，一樽“王生生”甘泉若醴，一手北沉香厅堂满溢，一枚桃山玉方寸文章。进早市谋划蓝图，创新引领，燃人居烟火；出夜市擘画布局，街区繁荣，为人民服务；论证会论证规划，补齐短板，畅想扬长避短；评审会评审导则，独树一帜，谱写崭新篇章；老工厂不寻常，旧广场不平常，为城市更新添砖加瓦一如既往，旧貌即将变新颜，为其谋划为其想，为之欣喜为之狂。审视景观空间，创新示范单元，为城市嫁接未来。盘活存量资产，管理提档升级，让城市重新点亮。抬望眼，千树梨花开；拱合手，友人情意长；莫等闲，产业催繁忙，共举杯，绘宏图，感慨新年伊人盛景怎一春字担当。

每一年都要有一个完美的收官，而精彩的结尾一定预示着崭新的开端，2021年12月，我得幸再次来到江苏省新沂市，并于2021年12月13日在从连云港至东台的高铁上完成了这篇即兴抒怀文章。

“钟吾漫道才拳石，早具江山秀几分。”漫步新沂，阳光柔和，使然周末，节律恒续。水网阡陌，滩涂厚积，此乃新沂。沂沭之水怀抱，簇拥超然涑沂地域，故名新沂。说新承古，言古延今，今朝有新沂，古遗存钟吾，今古同源，故新同宗，三千年叹为观止，撼动人间大戏，精彩演绎。马陵山山孤而不傲，阿湖水水阔而不争，孤阔山水，傲争堪舆，孕育富饶丰益良田佳地。新戴河滨清丽已登场，阿湖水镇蓄势将勃发，待从头，梳理文脉史志，探寻地脉肌理，画新沂。

昨天的曾经，就是今天的历史；明天的《图道》，就是历史的今朝。踏实地走过每一寸路，真情地度过每一分钟，无论是昨天、今天还是明天，忘却匆忙，不必慌张，人生的幸福会永远陪伴着你走过的旅途、度过的光景、聚过的友人和爱过的时光，我的 2021 年就是如此浮白载笔。

1981 年，我从哈尔滨来到了上海，一个坚定的信念就是好好读书；1991 年，我开始步入职业建筑师的生涯，一个坚定的目标就是好好设计；2001 年，我从英国归国后开始职业经理人的征途，一个不变的理想就是好好管理；2011 年，我开始创立自己的企业，一个倔强的憧憬就是好好经营；2021 年，我开始整理本书的资料，在已经出版了七本书之后，一个固执的探索就是好好总结。十年一段人生，发愤图强，胼手胝足，活出像样的光彩夺目；十年一场跨越，闻鸡起舞，摩顶放踵，拼出多彩的熠熠生辉，每个十年小写的文字都是为了下个十年大写的生活。

搜集、整理、扫描、加工、编辑、排版、审核、校对是浩大的文字和图像处理工作，为了精益求精地完美呈现每一幅旧作，公司同事吴佳颖花费了大量时间，在此致以深深的谢意。感谢多年来陪伴我人生“吕”途的家人、亲朋和挚友们，感谢朋友圈中的好友们，你们的关爱是我铆足劲大步向前的动能源泉，希望在未来我能同你们一起步入下一程更为花团锦簇的人生。同济大学出版社的出版团队为此书的出版付出了艰辛的努力，在此也拱手致谢！

吕维锋

2022 年 7 月 1 日

于上海市同济联合广场